浙江省 纺织类

经典非物质文化遗产

朱春红　尹艳冰　主编

中国纺织出版社有限公司

内 容 提 要

纺织类非物质文化遗产作为中国传统文化的精髓，不仅是技艺的传承，更重要的是所承载的文化内涵的延续。本书选取了浙江省具有代表性的七个纺织类非遗项目：瓯绣、蚕丝织造技艺（辑里湖丝手工制作技艺）、双林绫绢、蓝印花布印染技艺、温州发绣、中式服装制作技艺（振兴祥中式服装制作技艺）、余杭清水丝绵，从起源与发展、风俗趣事、制作材料与工具、制作工艺与技法、工艺特征、作品赏析、传承人专访、传承现状与对策等方面进行了介绍。

本书既可供纺织服装专业、经管类专业及艺术类专业学生学习使用，也可为纺织类非物质文化遗产保护领域的实践工作者和理论研究人员提供参考。

图书在版编目（CIP）数据

浙江省纺织类经典非物质文化遗产 / 朱春红，尹艳冰主编. -- 北京 ：中国纺织出版社有限公司，2025.8.
ISBN 978-7-5229-2590-5

Ⅰ. TS1

中国国家版本馆 CIP 数据核字第 2025GE2414 号

ZHEJIANG SHENG FANGZHILEI JINGDIAN
FEIWUZHIWENHUAYICHAN

责任编辑：朱利锋　　责任校对：高　涵　　责任印制：王艳丽

中国纺织出版社有限公司出版发行
地址：北京市朝阳区百子湾东里A407号楼　　邮政编码：100124
销售电话：010 — 67004422　　传真：010 — 87155801
http://www.c-textilep.com
中国纺织出版社天猫旗舰店
官方微博 http://weibo.com/2119887771
北京华联印刷有限公司印刷　各地新华书店经销
2025年8月第1版第1次印刷
开本：787×1092　1/16　印张：9.75
字数：175千字　定价：128.00元

前言

党的十九大报告提出，要深入挖掘中华优秀传统文化蕴含的思想观念、人文精神、道德规范，结合时代要求继承创新。党的二十大报告提出，要传承中华优秀传统文化，满足人民日益增长的精神文化需求。习近平总书记强调指出，中华优秀传统文化是中华民族的"根"和"魂"，是中华民族的文化基因和精神家园，是中华民族生生不息、发展壮大的丰厚滋养，是中国特色社会主义植根的文化沃土，是实现中华民族伟大复兴中国梦的重要精神支撑。

新时代新征程上，我们要大力传承和弘扬中华优秀传统文化，深入挖掘和阐发中华优秀传统文化的时代价值。纺织类非物质文化遗产（简称纺织非遗）作为中国传统文化的精髓，不仅是技艺的传承，更重要的是所承载的文化内涵的延续，其传承发展对于深入挖掘中华优秀传统文化，培养民族自信，提升纺织产业历史、文化、社会、经济等方面的价值，建设纺织强国具有重要意义。

天津工业大学现代纺织产业创新研究中心以纺织非遗的研究及知识普及为使命，积累了大量的文字、图片、视频等资料，已先后推出京津冀区域、河南省、山东省、陕西省和东北三省的纺织非遗赏析系列书籍。

本书选取了浙江省具有代表性的七个纺织非遗项目：瓯绣、蚕丝织造技艺（辑里湖丝手工制作技艺）、双林绫绢、蓝印花布印染技艺、温州发绣、中式服装制作技艺（振兴祥中式服装制作技艺）、余杭清水丝绵，通过与传承人面对面的请教与交流，取得了第一手资料。通过对每一个代表性项目的起源与发展、风俗趣事、制作材料与工具、制作工艺与技法、工艺特征、作品赏析、传承人专访、传承现状与对策等方面的介绍，为读者系统、全面地了解浙江省的绣类技艺、蚕丝织造技艺、印染技艺、中式服装制作技艺等非遗概况提供了资料。本书也是全国教育科学"十四五"规划教育部重点课题《双协同视域下京津冀高校非物质文化遗产教育传承模式构建与实践研究》（DLA210373）的阶段性成果。

在本书写作过程中，我们阅读和参考了国内外学者、传承人等撰写的有关资料，文中多数图片及其他资料来自我们的实地拍摄、调研，或由传承人提供，也有部分资料来自非物质文化遗产网、百度百科等网络资源。在此，我们对所采访的传承人，对所阅读、参考的有关资料的作者表示诚挚的感谢。

承担本书写作的有朱春红、尹艳冰、金豆、梁欢、张涵、杨娜等，全书由朱春红、尹艳冰统稿并定稿。

由于纺织类非物质文化遗产的保护正在不断深入，加上编者水平所限，书中难免存在不尽完善之处，恳请广大读者批评指正。

编者

2024 年 12 月

浙江省纺织类经典非物质文化遗产

目 录

浙江省纺织类经典非物质文化遗产

第一章

瓯绣

瓯绣是流行于浙江温州一带的传统民间刺绣艺术，由唐代"锦衣绣"发展而来，因温州古称"东瓯"而得名，是瓯越文化的重要组成部分。瓯绣曾与苏绣、湘绣、蜀绣、粤绣齐名，是中国六大名绣之一，也是浙江"三雕一绣"特种工艺品之一，还是我国出口名绣之一，它不仅被国家珍藏，还被作为国礼赠送。2008年6月7日，瓯绣经中华人民共和国国务院批准列入第二批国家级非物质文化遗产名录，项目编号Ⅶ-73（表1-1、图1-1）。2018年5月，施成权被中华人民共和国文化和旅游部认定为第五批国家级非物质文化遗产代表性项目瓯绣的代表性传承人（图1-2）。

表1-1 瓯绣项目简介

名录名称	瓯绣
名录类别	传统美术
名录级别	国家级
申报单位或地区	浙江省温州市
传承代表人	施成权

图1-1 瓯绣入选国家级非物质文化遗产

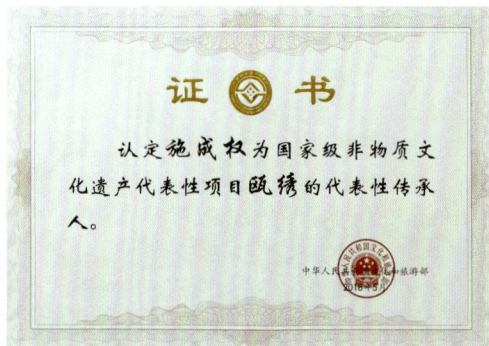

图1-2 瓯绣代表性传承人证书

第一节 起源与发展

一、瓯绣的起源

瓯绣历史悠久，最初起源于民间妇女的绣房习作。北宋时期，随着经济的发展，来自各地的刺绣技法传入温州，在当地绣工的整合创新之下，瓯绣日渐成熟，自成一派。当时的温州旧城西门外，便已出现一片被称为绣衣坊的区域，可见瓯绣之兴盛。明末清初，温州对外交通日渐发达，使瓯绣得以吸收姐妹艺术之长，得到了长足发展。那时温州民间刺绣已从古绣的简单平针、套针，发展成不同风格刺绣的多种针法。清代道光末年，瓯绣在温州已十分流行，盛极一时，瓯绣作品更是大量销售到欧美、南洋地区，当时开设的多家绣铺对外承接官衣锦服、戏装、旗袍等绣活，生意十分红火。

民国时期，温州首次创办瓯绣局，专做瓯绣出口生意，瓯绣作品也多次在国外展出，此时瓯绣进入了全盛时期。然而，瓯绣这种繁荣的局面并没有维持很久，在抗日战争时期，温州地区的绣铺纷纷倒闭，瓯绣工作者也纷纷失业，之前繁荣的瓯绣行业一蹶不振。中华人民共和国成立后，瓯绣迎来了新的机遇，成立了专门的刺绣社、瓯绣厂，快速发展，在1959年举办的中华人民共和国10周年"全国工艺美术展"中，瓯绣排进了全国刺绣业前五名，而瓯绣作品也多次作为国礼被赠送给各国元首政要，比如1972年举世瞩目的尼克松访华，瓯绣挂屏《百鸟图》便被作为国礼赠予贵宾。

二、瓯绣的发展

1. 施氏瓯绣传承史

施成权作为国家级非物质文化遗产瓯绣项目的代表性传承人，从事瓯绣已经有五十多年了，传承了家族的施氏瓯绣。施成权出生于瓯绣世家，一家四代人做瓯绣，从她的祖母那代开始，到她的父母都在瓯绣厂工作，她自己从小耳濡目染便也顺理成章走上了瓯绣这条路。她的儿子原本从事外贸工作，如今也开始做瓯绣，与她共同经营自家的瓯绣工作室。施成权家中四代人都在坚持做瓯绣，她们的作品也常被业内收藏。

施氏瓯绣家族的瓯绣传承从清代光绪年间开始，至今已有近130年，历经四代人的传承与发展。其传承谱系见表1-2。

第一代：张爱琴（施成权祖母），生于光绪二十年（1894年），温州乐清人，是一位民间刺绣艺人，自小喜爱刺绣，因手艺出众，受大家喜爱。常常刺绣官服和帮助大家闺秀刺绣出嫁嫁妆等。

第二代：施希华（施成权父亲），生于1918年，温州乐清人，因母亲有一手刺绣好手艺，便在母亲身边学会了刺绣，后进入温州瓯绣厂工作。他是瓯绣厂当时最优秀的技师之一，每年都被评为瓯绣厂优秀员工，最擅长刺绣人物、走兽。1960年，温籍著名画家刘旦宅设计、郭沫若题词的《屈原天问图》，由瓯绣艺人施希华绣制成功，并被选送参加第一届中国广州交易博览会。

第三代：施成权，女，生于1957年，温州鹿城区人，国家级非物质文化遗产项目瓯绣代表性传承人，中国刺绣艺术家，浙江省工艺美术大师。自幼学习瓯绣技艺，1972年进入温州瓯绣厂，擅长刺绣飞禽走兽和花卉风景等。独创了人物衣纹的"隐格"针法，掌握并刺绣了温州瓯绣历史上第一幅双面异色绣和双面异色异样绣作品，在技术难度上为瓯绣技艺做出了贡献。

第四代：王施，男，1982年生于温州，温州市工艺美术大师，新生代手艺之星。从小耳濡目染瓯绣技艺，2008年正式跟随母亲学习瓯绣技艺，原创设计多幅瓯绣作品，并在国家级和省级博览会获得金奖。原创设计了瓯绣历史上第一幅双面异色绣与双面异色异样绣作品，并与母亲合作绣制成功。

表1-2　瓯绣传承谱系

代别	姓名	性别	出生年份	传承方式
第一代	张爱琴	女	1894年	祖传
第二代	施希华	男	1918年	祖传
第三代	施成权	女	1957年	祖传
第四代	王施	男	1982年	祖传

2. 施氏瓯绣荣誉事迹

施成权不仅善于刺绣单面绣、双面绣、双面异色绣、双面异色异样绣等高新刺绣作品，更致力于研发创新瓯绣产品，让瓯绣与日用品、生活品相结合，还原瓯绣本来的功能。其作品获得国家级、省级博览会金奖12次、银奖11次（表1-3）。

1977~1995年期间，创作了许多瓯绣精品，其中《红楼十二金钗图》送往香港亚太丝绸博览会展出，轰动了整个港城；《孔雀牡丹图》赴日本石卷市参展，被其收藏。

2007年，创办温州市施成权瓯绣艺术工作室，任该工作室精品主创人员和技术指导。专注于瓯绣艺术的传承与创新，一方面在技艺上不断探索，另一方面努力让这门古老艺术在现代生活中焕发生机。

2008年，《五朵金花·迎奥运》《锦羽迎春》《五德图》三幅作品被中国丝绸博物馆永久收藏。

2012年，应邀随省文化交流团与省领导一行出访日本、韩国进行友好文化交流访问，并作现场瓯绣技艺活态展示，深受好评。

2015年完成瓯绣历史上第一张双面异色绣作品《荷墨》，一经展出就获得第十四届中国工艺美术暨古典家具收藏品博览会"金奖"。作品两面颜色不同，一面为荷花本色，另一面为金莲之色。同一块绣布呈现两面不同颜色，不仅体现了瓯绣技艺之美，也让作品更具欣赏性。

2016年，经典传统题材作品《集瑞图》在G20峰会期间于杭州西湖国宾馆展出，引起不小的反响，后被其永久收藏。

2017年，在解决了诸多技术困难后，4月完成了瓯绣历史上第一张双面异色异样绣作品《王者雄风》，同一幅作品两面颜色不一样，图案不一样，针法不一样。在总结瓯绣千年的技艺之后，再攀技术高峰。

2017年，应邀随省文化交流团与领导一起出访美国印第安纳州参加与其建交30周年活动，并进行现场瓯绣技艺活态展示，深受好评。

2018年，作品《荷墨》被浙江省旅游博物馆永久收藏。

2018年，作品《朝露》被浙江省非物质文化遗产馆永久收藏。

2022年双面绣作品《鱼跃》被天津美术馆永久收藏。

2023 年 5 月，《仲夏清荷》在第三届"百鹤杯"工艺美术设计创新大赛中荣获"百鹤奖"。

施成权对于瓯绣的感情，就像养一个孩子一样，别人买走她一幅作品，就像她嫁女儿一样不舍。在五十几年的瓯绣创作中，施成权从未感到厌倦。虽然已经六十多岁了，但她的双手依然灵巧。一根细细的丝线，她可以劈出 20 根，用仿若风吹可断的丝线绣作品，一丝有一丝的轻法，两丝有两丝的巧劲。她坚持用原始的针法，绣花、绣鸟的侧针，若隐若现的丝针，绣人物衣服的平针，并以此为基础在绣品中穿插、组合使用。为了绣出双面绣的各种花样，她还设计出"藏"的针法。由于绣布又薄又透，这个技法非常难，但施成权还是坚持做了下来。

表 1-3　施成权所获部分荣誉一览表

时间	奖项说明	颁奖单位	证书展示
2008 年 5 月	《五德图》《锦羽迎春》《五朵金花迎奥运》三幅作品被中国丝绸博物馆永久收藏	中国丝绸博物馆	
2010 年 11 月	被授予浙江省工艺美术大师称号	浙江省人民政府	
2012 年 8 月	被评为首届中国刺绣艺术家	中国工艺美术学会	
2013 年 10 月	被授予"浙江抽纱刺绣艺术中青年十大名师"荣誉称号	浙江省文化厅	
2016 年 9 月	作品《集瑞图》在 2016 年 G20 杭州峰会杭州西湖国宾馆展出并收藏	杭州西湖国宾馆	

时间	奖项说明	颁奖单位	证书展示
2017 年 6 月	被中国文化产权交易中心和国家级非物质文化遗产运营平台选为战略合作伙伴	北京文化产权交易中心国家级非物质文化遗产交易平台	
2018 年 12 月	作品《朝露》被浙江省非物质文化遗产馆永久收藏	浙江省文化和旅游厅	
2023 年 7 月	作品《锦羽迎春》荣获第十五届浙江·中国非物质文化遗产博览会金奖	浙江·中国非物质文化遗产博览会组委会	

第二节　风俗趣事

一、古瓯少女的"必修课"

瓯绣最早产生于唐代民间擅于刺绣的妇女之手，古时温州少女就有"十一十二娘梳头，十二十三娘教绣"的刺绣传统，可见当地民间刺绣风气之盛。对古时的温州女子来说，运针走线是她们从小就上的必修课，小儿帽圈、围涎、鞋面、帽子、荷包、肚兜、被面、枕套等日用品都由她们的巧手绣制而成，题材开始主要为简单的花、草、虫、鱼等，后来随着人们对瓯绣制品需求的日趋多样化，瓯绣的题材也逐渐丰富，开始出现佛像、仕女、走兽、山水等纹样。一针一线在古时温州少女灵巧的双手里，绽放着春花秋月。当时的温州还开设了多家绣铺，对外承接官衣锦服、戏装、旗袍等绣活，生意十分红火，更是留下"绣衣坊"地名，可见瓯绣早已风行城乡。

二、青年男女以瓯绣"定情"

瓯绣的功用逐渐从宗教装饰扩展到生活用品、艺术收藏，瓯绣逐渐交织融合在温州人民生活的方方面面，从婚嫁、日用到节俗、宗教，从鞋袜、桌帷到军甲、戏服，并渐渐形成了以瓯绣绣花罗裙作为青年男女定情礼物的风俗。瓯剧《高机与吴三春》就有唱词"一幅罗裙将兄赠，针针线线表妹心"，进一步展示了古时温州青年男女以瓯绣绣花罗裙作为定情信物的情景。

三、瓯绣蕴含地方民间信仰

古时温州曾多次发生鼠疫、霍乱等瘟疫，温州百姓为求平安，产生了供奉"温靖王"（东岳王）以求驱瘟的民间信仰，并且每年春季都会举办庙会。在那时的庙会中就随处可见瓯绣制品，比如拦街福的戏曲、傀儡戏，迎东岳神的旌旗、伞幡，扮演鬼、神、罪人角色的锦绣服装，仪仗队的袍帽、銮驾等。这些蕴含浓厚民间信仰的瓯绣作品，进一步从刺绣的载体、图案、使用场所等方面深深影响了瓯绣工艺。而且温州自唐宋以来各种宗教也十分兴盛，道观塔寺林立，佛教、道教、民间信仰同时出现。在寺庙、道观等宗教场所，蕴含宗教信仰的物品以及进行宗教活动的用品都会大量运用瓯绣工艺进行制作，如帷帐、衣冠、旗帜等。当时从事瓯绣的许多绣工也信奉这些民间宗教，因此在虔诚的信仰下，他们对待绣品更为细致耐心，且具备工艺上的改进意识，这些都使得瓯绣工艺越发精良。民间信仰及宗教由此影响了瓯绣，让它有别于其他刺绣，蕴含地方民间信仰以及地方宗教色彩。

第三节　制作材料与工具

一、制作材料

瓯绣作为一种历史悠久的传统民间刺绣艺术，所需要的材料有绣布、各色绣线等，其中绣布和绣线都是100%桑蚕丝丝线（图1-3、图1-4），这样刺绣作品就是丝对丝，二者可以相互融合、渐变吸收，时间越久，作品就越细腻、越光亮。

图1-3　各色绣线

图 1-4 绣布

二、制作工具

瓯绣在制作过程中主要使用的工具包括绣花针、剪刀、圆形绷等。

1. 绣花针（图 1-5）

绣花针在刺绣过程中经常使用。选择绣花针时要特别注意针的两头，即针鼻和针尖。针鼻主要以椭圆形为主，保证针鼻不把线割断，针尖则选择细长的。

2. 剪刀（图 1-6）

剪刀的使用比较广泛，选择剪刀时剪尖应细尖锋利，钢口好的剪刀最为合适，因为这样的剪刀可反复使用，并且越磨越锋利。

3. 圆形绷（图 1-7）

绷，是刺绣时用来绷紧布帛的工具。大件的用长方形木框子，小件的可用竹圈，也称"手绷"。所用绣绷的大小一般以绣地的幅宽作为标准。绷的作用是固定底布，保证绣出来的花样平整不走形。

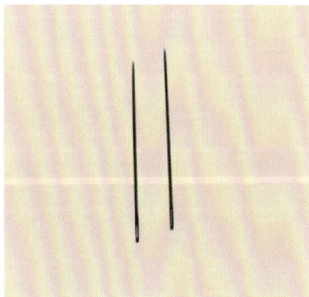

图 1-5 绣花针

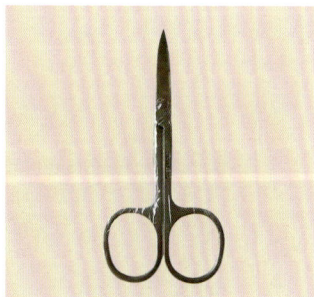

图 1-6 剪刀

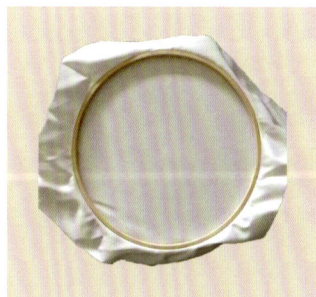

图 1-7 圆形绷

第四节　制作工艺与技法

瓯绣的制作流程主要包括画稿、临缎、着色、上绷、刺绣、下绷装裱六大工序。

一、画稿

画稿是瓯绣的第一道工序，也是瓯绣的根本。画稿包括设计与勾稿，设计就是创作适合各类绣品的彩色画稿，然后于其上覆一张半透明纸，墨线双勾轮廓成线稿备用。画稿一般由中国画高手画成，以国画白描、水墨写意为主，西画、摄影图片为辅。一幅画稿设计得好与坏，不只是虚实、神韵是否到位，最重要的是要达到添加一笔为多，减少一笔为缺的地步。故画稿的构图需简，以顾及绣制的工时和效果。

二、临缎

临缎就是将画稿拷贝到绣面上。传统的做法是在桌子上放一块玻璃板，画稿就铺在玻璃板上，再把绣缎覆在稿面上，玻璃板下点亮电灯，即可映出纹样。然后用毛笔或铅笔依样拷贝，如图1-8所示。因绣面质地不同，或软缎，或色缎，或府绸，或绫，或罗等，故不但要注意描摹时勾画顿挫之微妙处，更要注意墨色的浓淡干湿，以使拷贝件不失画稿的神韵，又保持拷贝件的清洁干净。所以，临缎是较花工夫也是较见功夫的活计。现今临缎也有借用现代科技手段的，特别是对摄影作品的处理，可将画面扫描录入电脑，待明暗、色调、大小、尺寸等调至准确后，再喷绘到绣面上。

图1-8　临缎

三、着色

着色指的是用水彩画颜料在绣面上着色，一般用于较大面积的远山、浮云、流水等。绣时或以较细的线，稀针虚绣、断针虚绣，或渲染处不绣，如此以虚衬实、节省工时之外，更突出了主题。着色也包括以毛笔敷彩直接在绣面上作画。

四、上绷

上绷（图1-9），就是把绣布四边以棉线或麻线交叉固定在绷上，以使绣布四边平且直，但又不可绷得太紧，否则放绷后绣的纹样易变形。要做到绣布松紧适中，实在不是一件易事，要有多年的实践经验，一般以针从绣面穿过拔线时发出"嘭嘭"声为宜。

图1-9　上绷

五、刺绣

瓯绣进行刺绣之前要先根据画稿选线（图1-10），需考虑丝线的颜色、质地等，有时还需要不同的颜色混合，通过色彩搭配，从而绣制出精美的作品。

刺绣即绣线穿针后，一手在绷上，另一手在绷下，不断地起针、落针的过程（图1-11），它是绣品成败的关键一环。所以，在动手前，必须对整幅绣稿反复看，理解其构图、层次、用色等，然后尽可能配齐所需色线，进而确定各部位不同的针法，以便胸有成竹。至于所绣纹样的顺序，可据个人习惯而定，只要做到从左至右绣起，拉线时用力均匀，注意暗针、针脚的处理等事宜即可。

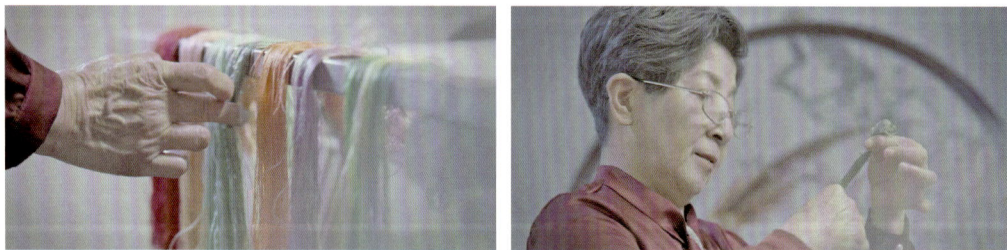

图1-10　理线

图1-11　刺绣

六、下绷装裱

瓯绣画片下绷后要经熨烫使之平整，并用较厚的白纸将绣品背面和四边予以衬托，然后镶嵌入镜框即可欣赏（图1-12）。瓯绣不能触摸，因此瓯绣作品在绣制完成后要及时装裱。

图 1-12　装裱

第五节　工艺特征与纹样

一、工艺特征

瓯绣历史悠久，具有浓郁的民间风味和地方色彩。瓯绣的最大特点是：构图简练、色彩绚丽、针法严谨、运针灵活多变、绣理分明、绣面生动、鲜艳悦目，呈现着与众不同的东瓯地域特色。瓯绣作品融诗文、书画、刺绣之美于一体，绣时针法融笔法和物象理法于一体，以针线传情，显示出高超的技艺水平和深厚的传统文化内涵。

1.取材广泛、构图精巧

瓯绣的取材十分广泛，常以温州的自然和人文景观入绣，主要以花草虫鱼、山水景物、飞禽走兽、吉祥纹样等为主。并且瓯绣以刺绣人物见长，比如八仙过海、福禄寿星、四大美女等，都具有其独特的魅力。此外，还可以将不同题材进行巧妙的搭配组合，以谐音和象征的手法形成一些富含美好寓意的新题材，从而进一步丰富瓯绣的题材。瓯绣在构图上深得中国传统绘画之精髓、主题突出、构图精巧、用笔工整、线条清晰，人物、风景、花鸟虫鱼各得其所，从而使瓯绣作品达到了画绣合璧的境界。

2. 绣理分明、绣面生动

瓯绣艺人根据瓯绣绘画作品的走势特点，很好地把握了丝理变化的规律，并灵活运用不同的针法，使瓯绣绣品绣理分明、形象立体、结构生动。瓯绣是在平面的布料上创作，成品近看绣面生动、整洁光亮，远看却有很强的立体感。另外，瓯绣的成品只要保持干燥和不暴晒便可保存千年，而且时间越久作品越细腻，具有很强的年代感及较高的欣赏收藏价值。

3. 色彩绚丽、艺术性强

瓯绣的色彩具有较强的民间工艺性，曾经的温州瓯绣厂里摆设着各色应时花草、鸟兽标本供绣工观摩学习；还曾组织绣工实地游览风景区，观察林木生长，山川形态，故瓯绣作品色彩来源于生活又更具艺术性，光鲜明快，绚丽夺目，富有浓郁的浙南地方风格。

二、针法及纹样

瓯绣针法在纹样塑造上起着重要的作用，运用不同的针法会呈现出不同视觉效果的纹样，因此瓯绣的针法与纹样有着必然的联系。瓯绣针法严谨，从传统针法到创新针法多达几十种。瓯绣的基础针法有平针、齐针、切针、套针、接针、施针、滚针、疏针、掺针、断针、侧针、丝针、长短针、打子针、抢针编花、包针、缠针、网针、盘针、人字针、八字针、排排高、皮皮咬等，辅助针法有游针、稀针、乱针、隐格针、冰纹针、斜交针、松针、拉丁针等，共同造就了瓯绣精巧典雅的风格特色。另外，瓯绣作品还可以通过各种针法的融合搭配，衍生出更多千变万化的针法（表1-4）。

表1-4 瓯绣部分针法示意图

名称	针法示意	应用范围
平针		一般用以刺绣人物衣裙、山石、树木、建筑物等
侧针		可作镶色、接色，适宜绘制有颜色渐变的大面积山川、河流等
丝针		常用于背景打底及表现动物最上层的绒毛、翎羽等
滚针		用于表现面积狭长、旋转弯曲的物体，如动物的眼球、头部羽毛、菊花瓣等
冰纹针		常绣制于蝴蝶之上，用于表现画面前后的层次变化、虚实关系

名称	针法示意	应用范围
断针		多单独使用于画绣结合中，如色彩打底之上，岩石、河畔、草堆之下
皮皮咬		常用于表现花瓣
乱针		常用于表达画面背景色彩的虚实
隐格针		常用于表现服饰衣纹

第六节　作品赏析

一、经典瓯绣作品

1. 单面绣作品

单面绣，就是在一块绣布上，绣出单面图像，绣面经过平烫后，让丝线的光泽和色彩融合到一起，再装裱起来。在瓯绣中单面绣包括油画绣、国画绣、水彩画绣、工笔画绣、素描绣等多种绣法。

《红楼十二金钗图》（图 1-13）是由温州瓯绣厂骨干成员集体创作，施成权作为主创之一参与其中。该作品曾被送往香港亚太丝绸博物馆展出，轰动了整个香港。这幅长 2 米、宽 1 米的巨幅作品，使用了 100 多色丝线、20 多种技法，画面中四季花卉桃花、荷花、海棠、梅花同时绽放，"十二金钗"集于一图，16 个人物的脸型、发髻、首饰、神态都各不相同且各具特色，栩栩如生。整个绣面层次分明、色彩绚丽夺目，被认为是瓯绣的代表作品之一，在瓯绣历史上有着重要地位。

《孔雀牡丹图》（图 1-14）是以孔雀、牡丹为题材构图的国画花鸟字画，孔雀展屏与怒放的牡丹相映成趣，是一幅精美、吉祥的风水字画。《孔雀牡丹图》是施成权作为主创之一参与绣制的作品，该作品作为国家级礼品绣、展品绣，曾赴日本石卷市参展，后被其收藏。

图 1-13　施成权作为主创之一的作品《红楼十二金钗图》

图 1-14　施成权作为主创之一的作品《孔雀牡丹图》

2005 年，施成权创作了《五德图》（图 1-15），这幅作品对她个人而言意义重大，他说："从设计到完成，我把自己的所思所想所得，都融入了这幅作品，可以说，它是代表着我艺术风格形成的一件作品。"鸡有五德：文、武、勇、仁、信。早在汉代，韩婴便在《韩诗外传》中提出"鸡有五德"之说。"五德图"是传统绘画的常见题材，但是如何用瓯绣去表现这样一个题材是施成权所遇到的难题，除了从绘画中寻找灵感之外，施成权更多的是从生活中汲取创作养分，他说："小时候踢的鸡毛毽子，我都是挑最好看的那几根，那种流光溢彩的美，我想用绣线把它表现出来。同时，我还要将传统道德寓意寄予其中。"《五德图》获得了当年的"天工"奖，后来，它被中国丝绸博物馆收藏。

施成权的作品《比翼双飞》（图 1-16）来源于一张摄影照片，该照片是由温州一位爱好摄影家偶然间拍到的。施成权在看到这张照片后觉得这个瞬间很难得，竟然两只鸟儿同时从水面飞起，一上一下。所以她就想通过瓯绣的形式展现出来，从而产生了这幅作品。

图 1-15　施成权作品《五德图》

图 1-16　施成权作品《比翼双飞》

一般瓯绣以静态为主，但是施成权的作品具有很强的个人风格，主要以动态为主。比如她的作品《牡丹》（图 1-17），施成权在创作时就希望牡丹花能像音乐一样，有轻有重，给人一种风吹来的摇曳姿态。虽然在瓯绣作品中追求颜色和动态，是难上加难的事情，但施成权还是想挑战自己。因为她认为有动态感的作品，会抓住观赏者的眼睛，让他们的眼睛有着落处。

图 1-17　施成权作品《牡丹》

施成权的作品《锦羽迎春》（图 1-18）以梅花和锦鸡题材相结合，取"锦上添花"的吉祥含义。在布局上，左边两只锦鸡一前一后，尾部向上高高翘起，右边的梅花枝由上而下伸展，蓬勃生长，二者相互映照、顾盼有致，整个画面在视觉上得到平衡。锦鸡身上的羽毛以墨绿、土红、孔雀蓝等颜色生动地展现了锦鸡丰满的羽翼，羽毛也层次分明、明亮悦目。整个作品呈现出虚实结合、绣面生动的特点。该作品在2008 年被中国丝绸博物馆收藏。

施成权的经典传统题材作品《集瑞图》（图 1-19）在 2016 年 G20 杭州峰会期间于杭州西湖国宾馆展出，引起不小反响，后被其永久收藏。

施成权的作品《朝露》（图 1-20）在 2018 年被浙江省非遗馆永久收藏。

图 1-18　施成权作品《锦羽迎春》　　　图 1-19　施成权作品《集瑞图》

图 1-20　施成权作品《朝露》

2. 双面绣（同色）作品

双面绣（同色），就是在同一块绣布上，在同一绣制过程中，一针同时绣出正反两面图像，轮廓完全一样，图案同样精美。无论从正面还是从反面，都能看到完整的图样。

施成权的双面绣（同色）作品《鱼跃》（图 1-21）极富动态美，飞跃而起的金鱼栩栩如生、活灵活现，虽为针线刺绣，但画面中的鱼缸却呈现出超写实的玻璃质感，层次分明。该作品在 2022 年被天津美术馆永久收藏。

图 1-21　施成权作品《鱼跃》

3. 双面异色绣作品

双面异色绣，指在同一块绣布上正反两面都进行绣制，两面图案、针法相同，但是色调不一样的绣法。即同一块绣布呈现出两面不同的颜色。双面异色绣法对刺绣者藏针的技巧是一种极大的考验。

《荷墨》（图 1-22）是施成权与儿子王施搭档原创设计并制作完成的瓯绣历史上第一张双面异色绣作品。灵感来源于施成权有一次在电视上看到的中国风水墨画，感觉很漂亮，就在想如何融入瓯绣作品中，后来在绣荷花的时候，她的儿子王施受到了启发，觉得可以尝试将荷花与水墨结合，取"和睦"之意。作品中荷叶的部分被处理成了一滴墨晕染在水中的感觉，雅致脱俗，而荷花则一粉一黄，形成了独特的观赏效果。这幅作品获得了第十四届中国工艺美术"中艺杯"艺术品评比大赛金奖，同时也象征着瓯绣手艺的两代传承。

图 1-22　施成权、王施双面异色绣作品《荷墨》

4. 双面异色异样绣作品

双面异色异样绣，指在同一张作品的同一块绣布上，正反两面都进行刺绣，但作品两面颜色不一样，图案不一样，针法不一样。双面异色异样绣法是瓯绣技艺的又一技术高峰。

《王者雄风》（图1-23）是施成权与儿子王施花费了三年的时间，原创开发的瓯绣历史上第一张双面异色异样绣作品。在没有任何可借鉴的作品的情况下，从设计到绣成，她们经历重重难关，克服诸多难题，花费了大量工夫和心血将其创作完成。作品绣在一张真丝绢面纸张上，两边呈现出不同的色彩与神态，双狮一金一银，一静一动，分别展现出了雄狮的两种不同形态：静态时的威风与动态时的霸气。其毛发之飘逸、神态之逼真令人叫绝，同时也向观者呈现出了瓯绣艺术的形式多样，技法的博大精深。这幅作品在整个瓯绣领域可谓是里程碑式的作品，不仅丰富了瓯绣的类型与表现形式，更让瓯绣的技艺迈上了一个新的台阶。

图1-23　施成权、王施双面异色异样绣作品《王者雄风》

二、瓯绣系列文创衍生品

为了让瓯绣融入现代生活，施成权瓯绣工作室多次与服装、家装、鞋业等多方面的设计师交流合作，研发制作了许多瓯绣系列文创衍生品，把瓯绣文化融入日常生活中，比如屏风摆件（图1-24）、团扇（图1-25）、笔筒（图1-26）、果盘（图1-27）、首饰盒（图1-28）、八音盒（图1-29）、书签（图1-30）、耳饰（图1-31）等。这些物品既别致又不失实用性，通过这些文创衍生品也让很多人喜欢上了瓯绣，用上了瓯绣，尤其是越来越多的年轻人开始接触和接受瓯绣，这样一来瓯绣不再是高高挂着给人欣赏的，而是可以传播的。通过创作文创衍生品，既可以扭转瓯绣仅仅是手工艺品的传统观念，也可以拓展瓯绣产品的市场。因为只有传统与创新相结合了，瓯绣作品才会有更好的市场。

图 1-24 瓯绣屏风摆件

图 1-25 瓯绣团扇

图 1-26 瓯绣笔筒

图 1-27 瓯绣果盘

图 1-28 瓯绣首饰盒

图 1-29 瓯绣八音盒

图 1-30　瓯绣书签

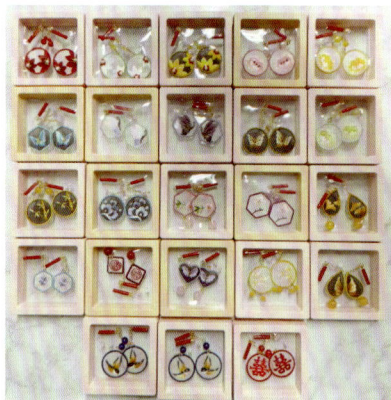

图 1-31　瓯绣耳饰

第七节　传承人专访

为进一步深入研究并继承和创新非物质文化遗产瓯绣，笔者深入浙江温州调研，并专访了瓯绣国家级传承人施成权，以下为此次专访内容。

一、您是如何走上瓯绣传承之路的？

施成权：施氏瓯绣是从生活在清代的奶奶那里开始传承的，那个时候瓯绣制品主要以嫁妆为主，包括瓯绣的肚兜、被单、枕头等。奶奶心灵手巧，技艺出色，是赢得大家认可的民间手艺人，经常因为其出色的技艺为一些不会刺绣的大小姐进行瓯绣制品的代工。20世纪50年代瓯绣厂成立，我的父亲、母亲都是瓯绣厂的员工，我的父亲还是瓯绣厂里瓯绣技艺最好的老师，他的作品还经常外出展览。所以我在耳濡目染下从小就喜欢刺绣，那个时候根本没有择业的考虑，仿佛我生来就是做瓯绣的。我作为施氏瓯绣传承的第三代，至今做瓯绣已经五十多年了，这期间也遇到过很多困难。最艰难的就是冬天的时候，小的时候没有空调，一直刺绣到手都干裂了，裂口不仅会勾住丝线，还会破坏丝线。那个时候觉得艰苦，可是作品出来了就又不觉得苦了。我就是这样一路走下来，对瓯绣初心不改。

二、相较于苏绣等其他刺绣，您认为瓯绣的独特之处在于什么地方？

施成权：瓯绣的针法比较特别，瓯绣作品中以平针为主，辅以丁文针、滚针、接针等三十多种基础针法。虽然这些针法学起来比较快，一两天就可以上手，但是运用在作品中的时候，就需要将这些针法排列组合，难度就比较大。瓯绣作品需要根据画稿的走势特点，把握丝理变化的规律，再灵活运用不同的针法，使绣品形象立体、结构生动。比如我们在绣国画的时候有国画针法，以展示国画那种虚虚实实的感觉；

绣油画时有油画的针法，来展示油画那种层层叠叠的感觉；绣工笔画时有工笔画的针法，以展示出工笔画工整的感觉；绣动物时针法要展现出动物的纹理，绣植物时针法要展现出叶子的脉络等。总之，瓯绣的针法千变万化。另外，施氏瓯绣还有一些创新针法，比如隐格针法，就是我自己独创的针法，它可以通过刺绣达到针线隐形的功能，并且可以通过这种针法绣出不同的图案。针对这种独特的"隐格针法"，我们工作室还申请了专利。

三、目前瓯绣的传承现状如何？

施成权：在瓯绣被列为国家级非物质文化遗产名录之后，就有一些曾经放弃瓯绣的手工艺人们开始重拾技艺，继续瓯绣的绣制。政府部门关于瓯绣的宣传、评奖力度也比较大，改变了之前只有一些老人才知道瓯绣的现状，现在很多年轻人甚至小学生基本都能认识瓯绣、了解瓯绣。总而言之，现在越来越多的人在了解瓯绣，这是一件好事情。

但是目前整个温州仅有 20 多人在实际做瓯绣，且大部分都年纪偏大，年轻人中做瓯绣的其实不多，这是让人觉得可惜、遗憾的一点。我也曾经尝试过登报纸招年轻学徒，免费教授瓯绣刺绣技艺，学有所成甚至还会给她们发工资。也尝试过去小学、中学、大学里上课，免费教授学生们一些瓯绣的技艺。一系列尝试下来发现，其实对瓯绣感兴趣并前来学习的年轻人还是有的，但大部分人只是学个皮毛，最终坚持下来的却不多。我认为只有坚持下去将瓯绣作为事业来干才是对瓯绣的一种传承。所以她们还不能达到我的要求，传承的状况比较严峻。

四、您如何选择徒弟或传承人？

施成权：学习瓯绣的难度还是比较大的，要学好瓯绣最起码需要三年的基本功，学习如何穿针、打结、上花绷、临摹、刺绣等。基本功就是要求完成的瓯绣作品"平""光""齐"，即一条线绣起来要平、针脚要齐、绣起来有光面，故这种功夫就要练三年。所以我选择徒弟或传承人的时候，首先要求他要有将瓯绣传承作为事业来做的决心。其次我会为他先定下一个小目标，我先收取押金 5000 元，然后免费教授三年，如果他能坚持下来这前三年的基本功训练，那么我会把押金 5000 元返还她，然后再教授她关于瓯绣更深层次的技艺。如果不能坚持的话，那么之前的教学可能就需要收费了。这样的话，对前来学艺的人来说既是压力也是动力。最后，学习瓯绣还需要懂一些画，比如国画、油画、水彩画、素描、工笔画等，还要懂得色彩搭配，努力找准方向等。

五、您在瓯绣的传承过程中做了哪些创新？

施成权：首先在作品创新方面，2015 年的时候，我完成了瓯绣历史上第一张双面异色绣作品《荷墨》，作品两面颜色不同，一面为荷花本色，另一面为金莲之色。在同一块绣布上呈现了两面不同的颜色，不仅体现了瓯绣技艺之精湛，也让作品更具欣赏之美。2017 年，在解决了诸多技术困难后，我又一次完成了瓯绣历史上第一张双面异色异样绣作品《王者雄风》，作品两面颜色不一样，图案不一样，针法不一样。这也是在总结了瓯绣多年的技艺之后，再攀技术高峰的一幅作品。

其次在传承创新方面，我们探索着开发了一些有关瓯绣的文创衍生品，但这个过程也有些曲折。一开始我们是想做瓯绣的服装，因为在大众眼中刺绣的服装还是很常见的，但这不适合瓯绣。这主要是因为瓯绣绣品不能被触摸，也不能水洗，虽然水洗之后不会褪色但是会起毛，所以瓯绣用来做衣服的话就不太耐用。而且瓯绣都是真丝制作的，价格会比较高，所以瓯绣用来做衣服就会出现价格高又不耐用的尴尬情况，后来就放弃了。但是瓯绣制品只要不水洗的话绣面是很光亮的，而且用真丝绣成的作品不会腐烂、千年不变，所以后来我们想到将瓯绣制品软裱起来，做成屏风、摆件、团扇、果盘、笔筒、首饰盒、八音盒、书签、耳饰等大众日常用品，既别致又不失实用性，还可以长久保存和用来装饰、欣赏、收藏。

六、您为了改变瓯绣目前的传承现状做了哪些努力？

施成权：首先，对我自己来说，我要先把自己的作品做好。刺绣看似是女子的深闺之物，实则内藏乾坤，它需要具备深厚的文化修养，拥有足够的艺术审美眼光，拥有精雕细琢的匠心，才能把一针一线斟酌得当，才能在那方寸之间以针线为笔墨，刺绣出完美的作品。所以我还是要静下心来努力做一些瓯绣的精品。其次，有时间我会去在温州科技学院那边上课，那里一个班级 30 个人，我一个人可以上 8 节瓯绣课，希望通过我的教学能让这些孩子们多了解一下瓯绣技艺，我在现场的话也可以指导她们上手操作。最后，我也面向社会招收了一些学徒，工作室一共收过 20 多名徒弟，现在有 8 个徒弟，他们中有公务员、教师、媒体人、大学生、手工艺爱好者等。我们还想吸纳更多充满奇思妙想的设计人员融入团队，为拓宽销售渠道、设计潮流样式注入新鲜活力。

另外，现在关于瓯绣传承的一些事情我的儿子王施也在做。他原本是学外贸的，也在宁波找到了工作。他之前是希望做外贸赚到钱之后再来扶持瓯绣发展，但是由于之前瓯绣的状况比较严峻，为了不让瓯绣技术失传，我就催促他回家来帮助我传承瓯绣。一开始他不是很愿意，毕竟瓯绣赚钱很难，但是后来种种原因，可能他自己也有一份瓯绣传承的使命感，他就回到了我身边，开始跟着我学习瓯绣。为此他甚至还重修了艺术课程，来帮助我一起延续瓯绣事业。现在他做瓯绣也十几年了，也在积极努力尝试各种方式来传承瓯绣。比如，经常带着一些优秀的瓯绣作品去各地参加展览，积极宣传瓯绣文化；也在抖音上开设了"施氏瓯绣"的账号，用视频来向年轻人传达瓯绣之美。

七、您对未来瓯绣的传承有什么愿景？

施成权：在 20 世纪 70 年代时，瓯绣作为国礼、展品，也经常出口。当时温州有专门的瓯绣厂，有三百多名工人，还有一些外加工的工人七百多人，那时的瓯绣还是比较辉煌的。但是改革开放以后，大部分人开始转而经商，加之做瓯绣比较辛苦，所以做瓯绣的工人开始慢慢变少，瓯绣的光芒开始逐渐黯淡。后来政府对瓯绣的衰落感到可惜，将瓯绣列为国家级非物质文化遗产，并开始保护瓯绣，瓯绣的市场才开始逐渐回来。

那么我作为瓯绣的国家级传承人，首先我肯定希望把瓯绣传承好、发展好，希望瓯绣可以重新回到辉煌时期。但是未来是属于年轻人的，年轻人的创新与活力更能给瓯绣希望。我毕竟精力有限，平时绣制作品就占据了绝大部分时间，所以现在我让我的儿子来做瓯绣传承，他可以替我去参加一些活动，另外，他也将自己的创意与生活结合设计出了一些作品，还开发了一些瓯绣的文创衍生品，收获了很多人的喜爱，也让瓯绣更加贴近人们的生活。

八、为了更好地传承瓯绣，您认为政府需要提供哪些支持？

施成权：首先，需要政府出台一些政策来吸引更多的年轻人从事瓯绣这一行业。比如，现在的年轻人都比较向往编制、"铁饭碗"等待遇，那么就可以由政府向从事瓯绣行业的年轻人直接发放工资，让这些年轻人可以享受相当于公务员的待遇，这样的话一定可以吸引一些对瓯绣感兴趣的年轻人来从事瓯绣创作。为什么这么说呢，因为之前我有一个学生，她本身就很喜欢瓯绣，而且也有天赋，能吃苦，做出来的瓯绣作品也很灵动，能遇到这样的学生我也觉得很难得。但是可惜的是她是一个高中老师，虽然很喜欢瓯绣，但是并不能辞职转而将瓯绣作为事业来做，就算她自己想这样做，她的父母也不会同意。因为她的父母认为老师的待遇很好，如果喜欢瓯绣的话业余时间完全可以做，但是绝不能辞职专门来做。她迫于父母的压力，也就放弃了这个想法。通过这件事，我才觉得政府真的有必要为年轻一代的瓯绣从业者提供良好的保障。

其次，希望政府可以建立一座属于瓯绣的展览馆，让优秀的瓯绣作品可以有地方展示，方便让更多的人看到，同时也吸引更多的年轻人前来学习。现在的瓯绣缺乏场地，气魄不足，自己的工作室地方也有限。如果政府可以为瓯绣作品展示提供专门的场地，那么我就可以把瓯绣作品分类展出，精品类分一组，日用品类分一组，普通类分一组，这样其他人来参观的时候就可以一目了然。当然，展示时瓯绣作品的搭配也可以更加精致，同时也提升了瓯绣的档次。如果我自己来找场地的话，估计难度会很大，所以希望政府在这一方面可以多多支持。

最后，政府要加大对瓯绣从业者的补贴。现阶段大多数瓯绣从业者的工资很低，绣娘每天需要花十多个小时刺绣，但她们的月薪只够维持基本的温饱。即使是刺绣大师，绘制一件精美的作品，往往需要花半年多的时间，但出售的价格还不到1万元，也只能维持基本的生活费支出。况且低廉的收入会使部分从业者偷工减料，使瓯绣产品质量参差不齐，更无法提高大家创作和生产的积极性，真正的精品少之又少。因此，需要政府提供一定的经费支持和福利支出，从物质和精神上大力鼓励瓯绣从业者，解决她们的后顾之忧，让她们可以潜心创作，安心传承。

第八节　传承现状与对策

一、传承现状

1. 瓯绣技艺濒临失传

瓯绣授艺历来均属口传，没有文字记录，随着老艺人们的退休，技艺濒临失传。但瓯绣是一个对技术要求很高的手工行业，学习瓯绣仅基本功就要练习三年。但是三年时间对于这个快速发展的时代来说，除非是非常热爱瓯绣的年轻人，否则他们难以承受这个时间成本；加之从事瓯绣行业的收入又低，不足以支撑她们的生活，为生活所迫也就放弃了瓯绣。所以，虽然现阶段喜爱瓯绣的年轻人有许多，但愿意一直从事瓯绣行业并坚持下来的人屈指可数。因此，掌握传统技艺的瓯绣艺人因年龄增大、眼力不济等原因而退休，年轻人又因学艺路途艰辛而少有人问津，就造成现在瓯绣技艺濒临失传的现状。

2. 瓯绣传承后继无人

目前瓯绣的传承主要以家族传承为主，传承人的子女或亲戚家的孩子从小耳濡目染对瓯绣产生了感情，以此支撑着她们对瓯绣的学习和研究。然而，在这个生活节奏加快、发展迅速、竞争激烈的现代化社会环境中，大部分年轻一代更喜爱和向往高科技和现代化文明，普遍对传统手工艺兴趣不大，也不愿意学习和发展优秀的传统工艺和文化技术。而且随着经济和科学技术的发展，越来越多的人认为瓯绣创作是一个很辛苦且时间漫长的行业，不仅学习瓯绣的时间长，出师时间长，而且付出很多后得到的收益甚微，所以家长们也不愿意让自己的子女从事瓯绣行业。大多数父母更希望自己的孩子能通过学习考取理想的大学进而改变命运，从事轻松稳定的工作。如果孩子真的无法好好学习，他们可能会考虑将学习瓯绣作为备选方案。长此以往，瓯绣的家族传承模式也将断裂，瓯绣将渐渐失去传承。

3. 瓯绣市场逐渐萎缩

现如今瓯绣的消费市场比较薄弱，销售渠道单一。大部分瓯绣作品都是自产自销，主要在自己的门店或工作室销售为主，但除了极少数有名气的瓯绣大师的作品销路不错外，其余大部分人的绣作无人问津，而且价格很低。除此之外，瓯绣作品的销售还有一小部分政府订单，一些机关部门和国企单位将瓯绣作为商务礼品或公务伴手礼。另外还有一些定制品等。但由于瓯绣并没有形成一条有序的产业链，从产品创作到卖出都是靠瓯绣手艺人自己独立完成，她们很难兼顾市场销售和作品创新，这也在很大程度上限制了瓯绣的发展。再加上现阶段的瓯绣制品主要用于家居装饰和礼品，并不像柴米油盐那样的日用必需品，所以市场份额极其有限。一幅精美的瓯绣作品经常需要几个月的时间才能制作出来，所以耗时过长的瓯绣作品的定价往往也偏高，因此仅仅依靠一些门店和工作室是很难打开瓯绣产品销售市场的，久而久之，瓯绣产品市场逐渐萎缩。

4. 瓯绣知名度较低

目前瓯绣的知名度只在温州及周边地区，在其他地区的知名度相当有限。而且就算在温州当地，瓯绣对年轻人来说认知度也相对较低。这主要因为瓯绣作为一种工艺美术，瓯绣作品主要用于家居装饰和礼品，已经逐渐脱离了人们的日常生活。再加上瓯绣是纯手工刺绣，作品的完成很耗时间，已经不能满足当今社会快速发展的需要。所以造成了瓯绣知名度较低的现状。但是公众对瓯绣的认知是瓯绣保护和传承发展的重要前提，一旦缺乏公众对瓯绣的认知，会对瓯绣的传承、保护和发展造成严重的负面影响。

二、传承对策

1. 培养年轻的瓯绣从业者

目前温州从事瓯绣工作的只有二十多人，而且大部分人年纪偏大，对此，政府应采取一系列有关措施培养年轻的瓯绣从业人员。首先，政府部门可以免费开设一些非遗公开课，吸引对瓯绣感兴趣的年轻人前来学习，增加她们对瓯绣的了解。其次，对于愿意从事瓯绣生产和制作的技术精湛的年轻学徒，政府可以加强培训，并以发放财政补贴的形式为她们提供一些支持，鼓励她们潜心学习。最后，政府要从多个方面来加强她们的艺术素养，比如组织她们参观画展、观看艺术讲座等。因为如果要从事瓯绣行业，对瓯绣技艺就一定要学精，要对瓯绣的构图有自己的想法和见解，要能做出瓯绣的精品，要把瓯绣精致的东西传承下去，培养她们成为具有扎实的基础技能和对艺术有更强理解能力的新时代瓯绣从业人员，通过吸引更多年轻人加入来拯救这个濒临失传的技艺。

2. 政府为瓯绣的发展营造良好环境

很多人认为传统技艺不是什么正经职业，如果大家都抱着这样的心态而没有人愿意继承传统手工艺，那么瓯绣的路也就走到了尽头。在这种情况下，依靠个人的力量是无法改变的，需要政府来为瓯绣产业的发展营造更好的氛围和环境，积极引导并提供政策保障和一定的政策倾斜。政府文化部门可以通过相关政策的制定将瓯绣企业定位为"社会性企业"，再给予一定的优惠政策。另外，政府需要建立和促进瓯绣产业、制度和人才三个基本平台的发展，进而扩大瓯绣产业，打造瓯绣产业集群。

3. 扩大瓯绣产品市场

首先，瓯绣产品要想进入更广阔的市场必须广泛联系人们日常生活，让瓯绣更充分地融入人们的生活，使瓯绣不再是高高在上的欣赏品，而是消费者们触手可及的商品，这就需要将瓯绣产业化，可以通过发展相关的创意设计部门以及下游营销部门来建立一个完整的产业链，让瓯绣有自己的商业营销渠道，并不断改进宣传方式来积极开拓市场。其次，随着网络的普及，大部分人都采用网络的方式购物，因此瓯绣可以借助电商平台将瓯绣作品销往全国各地，拓宽瓯绣的销售市场。最后，瓯绣作品除了在本土售卖以外，还可以考虑着眼于海外市场。因为此前的瓯绣作品在国外展出往往大获好评，具有一定的影响力，故瓯绣可以借助这一契机，将优秀的作品带到全球各地，打开海外市场。

4. 提升瓯绣知名度

近年来，瓯绣作品与日常生活的严重脱节，导致了瓯绣的知名度较低，为此需要采取多种途径宣传以提高瓯绣的知名度。首先，可以在博物馆中增加瓯绣项目，并在博物馆陈列优秀的瓯绣作品，通过志愿者的讲解让前来参观的游客对瓯绣有一个基本了解。其次，温州作为瓯绣的发源地，可以考虑将瓯绣与旅游行业整合，将瓯绣体验加入旅游景点中，让游客可以通过亲自观摩体验瓯绣的绣制过程，从而对瓯绣有更深入的了解。两者的结合既可以增强瓯绣的知名度，又可以促进大众对瓯绣的了解。再次，温州地区各大、中、小学可以在学校里开设瓯绣相关课程，或组织学生在课外活动时间去学习瓯绣知识，观摩瓯绣的创作过程。温州地区各大高校也可以将瓯绣作为学校的一个选修课程，在推广瓯绣知识的同时也可以培养高学历的年轻瓯绣接班人。最后，随着网络的普及和信息技术的不断更新，多媒体作为现代社会的主要媒介，已成为非物质文化遗产宣传的重要途径，因此，可通过多媒体的多方面运用，系统性地记录与传播瓯绣相关的知识，更快更好地传播给大众，也为瓯绣的保护机制顺利运行提供大力支持。

第二章

蚕丝织造技艺（辑里湖丝手工制作技艺）

"辑里湖丝经纶天下，淤溪莲种福披苍生。"辑里湖丝"名甲天下"，不仅是浙江省的传统丝织品，也是世界闻名的蚕丝，早已成为中国乃至世界优质丝的代名词。辑里湖丝手工制作技艺，以辑里村为中心，主要分布在练市、善琏、双林一带。自从机械化缫丝问世后，南浔镇农村的传统手工缫丝，在20世纪50年代末逐渐开始消失。2011年5月23日，蚕丝织造技艺（辑里湖丝手工制作技艺）经中华人民共和国国务院批准列入第三批国家级非物质文化遗产名录，项目编号Ⅷ-99（表2-1）。2018年5月，顾明琪被中华人民共和国文化和旅游部认定为第五批国家级非物质文化遗产代表性项目蚕丝织造技艺（辑里湖丝手工制作技艺）的代表性传承人（图2-1）。

表2-1　蚕丝织造技艺（辑里湖丝手工制作技艺）项目简介

名录名称	蚕丝织造技艺（辑里湖丝手工制作技艺）
名录类别	传统技艺
名录级别	国家级
申报单位或地区	浙江省湖州市南浔区
传承代表人	顾明琪

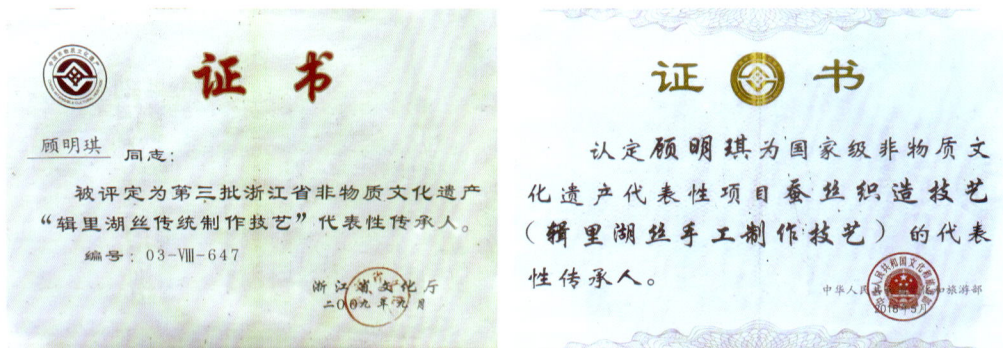

图2-1　蚕丝织造技艺（辑里湖丝手工制作技艺）代表性传承人证书

第一节　起源与发展

一、辑里湖丝手工制作技艺的起源

　　辑里湖丝，又称"辑里丝"，因产于浙江省湖州市南浔镇辑里村而得名。辑里村，原称七里村，因距江南古镇南浔东南侧七里而得名，那时"辑里丝"也称七里丝。辑里村土质肥沃、水系丰富，村东流淌着一条清澈透明的雪荡河，水系抱村入户，雪荡河穿过珠湾分流汇入七里淤溪，故养蚕缫丝的自然条件优越。辑里村自元朝末年成村，村中每家每户都植桑养蚕，缫制优质土丝。明代史料记载："天下蚕桑之利，已莫胜于湖，而一郡之中，尤以南浔为甲。"

明朝后期，南浔朱国祯、温体仁、沈璀三位首辅大臣都将自己家乡的七里丝推荐给当朝皇帝和皇后，故自明朝万历始，就钦定七里丝为"御用织制之贡"。直至清朝宣统，"辑里湖丝"一直作为帝王的御用品，朝廷明文规定帝王的黄袍必须用辑里丝制作，代表帝王至高无上的权威。清代的各地织造局，在每年的丝季，都前往南浔大量采购生丝。清朝康熙末年，康熙皇帝觉得"七里丝"之称不雅，题词"辑丝"，"辑"即缱织之意，"辑丝"即专为帝王缱织之丝，乃称"辑里湖丝"之始。

清朝道光二十年（公元 1840 年），鸦片战争失败，签订南京条约，即开广州、厦门、福州、宁波、上海五口通商，南浔镇近于上海，得海上贸易之先，"辑里湖丝"经由上海开启了辉煌百年的历史篇章。据上海海关历史文献记载，当时"辑里湖丝"占蚕丝出口总数的 45% 以上，最高甚至达到 63.3%，一时间南浔镇丝商云集，繁华至极。清朝咸丰元年（公元 1851 年），上海商人徐荣村取"辑里丝"，前去参加在英国伦敦举办的首届世博会，一举夺得了手工制造类别的金奖，从此"辑里湖丝"蜚声海外。

民国四年（公元 1915 年），在美国旧金山巴拿马太平洋万国博览会上，中国浙江"辑里湖丝"、贵州"茅台酒"、青岛"张裕葡萄酒"，共同获得金牌奖，从此享誉世界。近代南浔有被称为"四象八牛七十条金黄狗"的近百家丝商巨富，均系因经营"辑里湖丝"而致富，洁白无瑕的蚕宝宝成就了南浔曾经"富可敌国"的传奇故事。

二、辑里湖丝手工制作技艺的发展

1. 社会各方努力保护

随着辑里湖丝在 2010 年上海世博会和各大非遗展会频频亮相，这一古老技艺再次受到大众的关注。为了保护这一传统技艺，湖州各方都在努力。辑里村村委会在村里办起了"传统手工缱丝作坊"，南浔区文化部门在南浔古镇还开展了面向中小学生的桑蚕主题系列研学体验课程，开设蚕丝绸文化科学研究，聘请非遗传承人担当学生选修课和劳动实践课外导师等。

在政府层面，2010 年由湖州市南浔区委、区政府及旅游部门打造的辑里湖丝馆开馆。该馆搜集、陈列了大量与湖丝相关的历史图片和实物，介绍了辑里湖丝的起源、发展、兴盛和衰落的历史，展出了辑里湖丝在历届世博会上所获得的荣誉。另外，为加强对辑里湖丝的研究和宣传，2012 年南浔镇宣传文化中心、辑里村村委会等共同发起成立了辑里湖丝文化研究会，致力于挖掘湖丝的历史文化资源，推动湖丝的发展和创新。

在企业层面，成立于 2009 年的湖州南浔尚豪丝绸有限公司（以下简称尚豪公司）通过打造国丝文化园，举办首届辑里湖丝文化节，吸引游客参观访问蚕桑饲养基地，体验湖丝的手工制作流程。最值得一提的是，尚豪公司在育桑养蚕方面采取了"双保险"政策，一是建立农民专业合作社，以不低于市场价的标准收购当地村民所产的蚕茧，保证了农户种桑养蚕的积极性；二是利用公司的 100 亩桑园，雇佣当地村民种桑养蚕，以保证湖丝的品质。

2. 传承人的传承保护

顾明琪，1946年11月出生，男，浙江省湖州市南浔区人，第五批国家级非物质文化遗产项目辑里湖丝传统制作技艺代表性传承人。自20世纪20年代开始，其祖父就以养蚕缫丝技艺为生，他的父母也是辑里村有名的养蚕缫丝技术能手。顾明琪是家族第四代传承人，9岁便跟着父母学习辑里湖丝手工制作技艺，一做就是大半天，后来更是经常花上一整夜钻研一个细节。经过多年琢磨，顾明琪已经娴熟地掌握了传统缫丝的全部技艺，包括剥茧、挑丝、抬头、压轴、卷绕等工序，抽出的蚕丝洁白如雪、粗细均匀。他除了自己种桑养蚕缫丝外，还收其儿子儿媳为徒弟，悉心教导他们，用自己的方式传承着这一技艺。顾明琪的儿子和儿媳原来也是在村里的缫丝厂上班，当时儿子还是厂里唯一的煮茧能手，2010年时因采用机械化生产，缫丝厂无力更新设备，最终倒闭，工厂倒闭后夫妻俩就在村里办了一家家具厂。此后辑里湖丝传统手工制作技艺就处于濒危状态，但是顾明琪的坚持，让夫妇俩重拾了这一传统缫丝技艺。现在顾明琪已经把缫丝技艺完整地传给了他们，并嘱咐他们要坚守祖上传下来的老手艺，要把传统的湖丝技艺一代代传承下去（表2-2）。

表2-2　蚕丝织造技艺（辑里湖丝手工制作技艺）传承谱系

代别	姓名	性别	出生年份	传承方式
第一代	顾宝成	男	不可考	祖传
第二代	顾阿金	女	1908年	祖传
	施三娜	女	1910年	
第三代	顾云龙	男	1926年	祖传
	胡年娜	女	1925年	
第四代	顾明琪	男	1946年	祖传
第五代	顾峰	男	1969年	祖传
	徐永艳	女	1966年	

在现代化生产的冲击下，为了更好地传承辑里湖丝手工制作技艺，顾明琪决定以文本、图片、影像等形式把这项传统技艺完整地记录下来。2014年，顾明琪开始编纂《辑里湖丝手工制作技艺》一书。通过对多地进行考察、调研后，收集了大量的图片和历史资料，最终成书共计五万余字。这为辑里湖丝手工制作技艺的传承保护提供了重要的文献资料。除此之外，每逢节假日顾明琪还会到辑里湖丝馆为游客表演辑里湖丝的制作技艺。2014年，顾明琪被聘为横街小学传承基地专聘教师，指导辑里湖丝综合实践活动，使辑里湖丝传统手工艺得以更好地保护、传承和发展。

顾明琪在辑里湖丝传统手工艺的保护、传承和发展方面的努力，获得了多方赞誉（表2-3）。

表 2-3　顾明琪所获部分荣誉一览表

获奖时间	奖项说明	颁奖单位	证书展示
2015 年 6 月	辑里湖丝手工制作技艺荣获湖州市 2015 非遗精品博览会"金奖"	中共湖州市委宣传部、湖州市文化广电新闻出版局	
2015 年 10 月	作品《手工蚕丝》荣获第七届中国（浙江）非物质文化遗产博览会优秀参展项目奖	浙江省文化厅	
2018 年 12 月	被评为"新时代南浔好人"	中共湖州市南浔区委宣传部、南浔区文明办	
2019 年 1 月	被授予"南太湖工匠"荣誉称号	湖州市总工会、湖州市经济和信息化委员会、湖州市人力资源和社会保障局、湖州市科学技术局	
2020 年 12 月	被聘请为辑里湖丝手工制作技艺文创产品研发顾问	湖州云品丝绸有限公司	

第二节　风俗趣事

一、传统节日"蚕花节"

之前的辑里村，每年清明节的前三天都要举行传统节日蚕花节，又叫"轧蚕花"。轧蚕花，即蚕农把蚕宝宝揣在怀里，互相问候挤动，跳一种互相挤来挤去的舞，使身上出汗，这样便于蚕的生长，以便获得丰收。这三天分别叫作头清明、二清明、三清明，每一天都有不同的内容，但都围绕着民间蚕事进行，如翻山越岭挑蚕茧、齐心协力打蚕龙、蚕花朵朵送蚕娘、步步高升抢头蚕等，以调动蚕农养蚕育蚕的积极性。

据说辑里村还是"蚕神娘娘"的诞生地，关于"蚕神娘娘"是谁民间有许多传说，而传说"蚕神娘娘"就在辑里村，也正因如此，辑里村自古便形成了祭祀"蚕神娘娘"的传统节日，并把生产中蚕孵化的季节与清明的民俗风情有机地结合在一起，使这个传统文化节日有清晰的来龙去脉和走向。虽然现在当地村民种桑养蚕的人数大幅减少，但对于当地村民而言祭祀"蚕神娘娘"仍是一个重要而典型的民俗节日，值得保留和延续。同时，这个节日对推动当地旅游和地域文化的发展具有重要的保护和开发价值，如辑里含山风情、大运河渡口，包括养蚕村落，都可以通过节日得到很好的开发，又传承了优秀的传统文化，保留了人们的生产生活内容，融入了人们的精神思想内涵，是一个值得保护发扬的传统民间节日。

二、培育优良蚕种"莲心种"

辑里湖丝之优质，不仅与南浔的自然条件有关，还由于辑里村人率先培育了优良蚕种——莲心种，并改进了缫丝工艺和操作技术，使其成为"湖丝"之最。据记载，早在明朝中期，辑里村村民就培育出了优良蚕种"莲心种"，又称"湖蚕"，因蚕茧小如莲子而得名。其所缫之丝纤维长、拉力强、色鲜艳、解丝好，特别适合用于缫制优质桑蚕丝。同时改进了缫丝工艺和操作技术，采用"鲜茧生缫、冷盆低温、定粒缫丝、添绪搭头、勤换搭头、卷绕压稳、炭盆干燥、环境清洁"的缫丝工艺，并将丝车从单绪手摇改进为三绪转轴脚踏。所缫的丝"富于拉力、丝身柔润、色泽洁白"，从而具有"细、圆、匀、坚、白、净、柔、韧"的特色，享有"湖丝唯有辑里尤佳"之誉。

三、辑里湖丝享誉海外

江南在历史上盛产蚕丝，而辑里湖丝在江南蚕丝中以质优而享誉海内外。1851年，英国举办首届伦敦万国工业博览会，旅居上海的英商"宝顺洋行"买办广东商人徐荣村，将自己经营的产自辑里村的"荣记湖丝"运往伦敦参展。"荣记湖丝"作为中国唯一一参展的作品，在博览会众多产品中脱颖而出，摘得伦敦万国工业博览会金、银奖牌各一枚，并获得英国维多利亚女王授予的"小飞人"证书，"荣记湖丝"由此成为我国第一个获得国际大奖的民族工业品牌。辑里湖丝还被英国女王特颁销售许可证，而后英国女王生日的礼服也指定由辑里湖丝制成，此后辑里湖丝在历届世博会上频频得奖，从而享誉欧美。

随后上海开埠南浔丝商抓住机遇把辑里湖丝销往欧美，清末民初，辑里湖丝在上海口岸出口的蚕丝中占了40%，足以见得"辑里湖丝"在海外贸易中的地位，从而南浔成了江南最大的生丝集散中心，南浔丝商形成了近代最大的丝商群体，以辑里湖丝的第一桶金，在与外商的经商中发展中国的民族工业、金融、地产、铁路、码头等新兴产业和文化教育事业，对当时社会的发展起到了极大的推动作用。

第三节　制作材料与工具

一、制作材料

辑里湖丝手工制作技艺所需要的主要材料为蚕茧，多选用自育蚕种"莲心种"。当地一个春蚕蚕茧缫出来的丝长达 1300 多米，秋蚕蚕茧缫出来的丝也约有 1000 米。

蚕的一生要经过卵、幼虫、蛹、成虫四个发育阶段。

（1）蚕卵，看上去很像细粒芝麻，颜色在刚产下时为黄色，经 1~2 天变为赤豆色，再经 3~4 天后又变为灰绿色，此后便不再发生变化。当蚕卵逐渐发育成蚁蚕从卵壳中爬出来之后卵壳变成白色。一只蚕蛾可产 400~500 粒蚕卵。

（2）蚁蚕，由蚕卵刚刚孵化出来，身体的颜色为褐色，极细小且多细毛，样子有点像蚂蚁。它从卵壳爬出来之后，经过 2~3 小时就会进食桑叶。

（3）熟蚕，蚕宝宝从蚁蚕形态开始经过五次蜕皮生长后就逐渐体现出老熟的特征，此时食欲减退，食桑量下降，胸部呈透明状，继而完全停食，身躯缩短，蚕体头胸部昂起，口吐丝缕，左右上下摆动寻找营茧场所。

（4）结茧，分为四个过程：先将丝吐出连接周围结成茧网；后继续吐丝加厚茧网内层，再以 S 形方式吐丝开始结茧衣；茧衣形成后，茧腔逐渐缩小，开始结茧层；大量吐丝后身躯大大缩小，吐丝开始凌乱，形成松散柔软的茧丝层。

（5）蚕蛹，蚕吐丝结茧后经过一周左右就会变成蛹。蚕刚化蛹时，体色淡黄，蛹体柔软，渐渐变成黄褐色，蛹皮也开始坚硬。

（6）蚕蛾，蚕蛹经过 12~15 天开始变软，开始将变成蛾。蚕蛾的形状似蝴蝶，全身披着白色麟毛。交配时雌蛾尾部会发出一种气味，引诱雄蛾来交尾，交尾后雄蛾立即死亡，雌蛾约花一个晚上产下卵后也会慢慢死去。

图 2-2 所示为白银蚕茧和黄金蚕茧。

图 2-2　白银蚕茧和黄金蚕茧

二、制作工具

辑里湖丝手工制作技艺需要用到的制作工具主要为蚕匾、茧篮、索绪帚、炭盆、丝车等。

1. 蚕匾

蚕匾是一种养蚕的用具，形状为圆形，通常用竹篾或苇子等编织而成，用于盛放桑叶和养蚕。通常蚕匾的直径约为 50 厘米和 150 厘米，大的蚕匾用于放桑叶和养蚕，小的蚕匾用于放置蚕茧（图 2-3）。

2. 茧篮

茧篮是用来装茧的工具，通常用竹篾或苇子等编织而成，用于盛放在蚕匾中挑选出来的优质蚕茧（图 2-4）。

3. 索绪帚

索绪帚一般用稻草或竹子制成，用于找到抽取茧丝的正绪（即丝头）。具体使用方法为：右手拿起索绪帚，用其轻索蚕茧的丝头，同时左手将索绪帚上的丝向上拉起来，即索绪完成（图 2-5）。

4. 炭盆

炭盆一般是铁制或铜制的，圆形，直径为 50 厘米左右，深度为 15 厘米左右。炭盆中一般燃烧白炭用于烘干刚缫完的蚕丝，选用白炭的原因是因为燃烧时间长，不冒烟，无污染，这样不会影响丝的品质（图 2-6）。

图 2-3　蚕匾

图 2-4　茧篮

图 2-5　索绪帚

图 2-6　炭盆

5. 丝车

辑里村缫丝所使用的丝车为传统丝车，是在明清时期改进后定型的木制三绪缫丝车，也被称为"湖制丝车"。它由 26 个部件组成，如脚踏板、车架、集绪和捻鞘部分的牌楼架、卷绕部分的车轴等。这种丝车使缫丝变得更加高效，提高了生产效率（图 2-7）。

图 2-7　木制三绪缫丝车

第四节　制作工艺与技法

辑里湖丝手工制作工艺繁复，其传统工艺流程主要有：搭"丝灶"—烧水—煮茧—捞丝头—缠丝窠—绕丝轴—炭火烘丝等。

一、搭"丝灶"

丝灶，是指专为缫丝所建的灶头，一般设置在缫丝车旁边。因为煮茧时需要将冷水加热，老一辈人就需要用到丝灶，现在改进了加热设备，可以直接用电磁炉加热冷水，更加快捷和方便。

二、烧水

水质对辑里湖丝制作技艺尤为重要，水清则丝洁白，水质的好坏关系到丝色、丝光以及丝的许多物理指标。南浔当地水质极佳而稳定，缫丝之前只需将当地的水放在水缸中简单沉淀即可。水温以不烫手为限，约 50 摄氏度。如果水温过高，会降低茧丝间的胶着程度，减少缫丝的张力，还会溶解丝胶，导致减少丝量，并影响生丝净度、抱合力及强伸性。所以要把握好烧水的温度。从前最原始的方法是直接用手去测试水温，现在可以用温度计来测量（图 2-8）。

图 2-8　烧水、煮茧

三、煮茧

蚕宝宝经过一个月的饲养，待吐丝作茧5日，便可煮茧备料。挑选蚕茧时要选取没有杂色的洁白的茧，脏东西和烂丝都要剥掉，有斑、有凹陷、过薄都被视为残次品，差的蚕茧不能用到生产丝的过程中。

煮茧的关键在于对水温的控制，适宜的温度决定了丝的质量。煮茧会直接影响到丝的缫折、解舒及偏差、洁净、生丝抱合等与生丝质量相关的各项指标。煮茧时必须用旺火，两人操作，一人烧火，另一人翻茧。一边用旺火煮，一边不停地用茧筷搅动。煮茧过程中如果发现有不合格的蚕茧，可直接用茧筷挑出。若煮茧的过程中发现水变脏，需要及时换成新水继续煮，煮到蚕茧中的丝胶溶解，茧层发松，可以找到丝头时就可以了。

四、捞丝头

捞丝头又称"索绪"，目的是找到煮熟的茧子的丝头，从而保证缫丝过程的正常进行。具体做法是拣起七八个蚕茧，用右手拇、食、中三指捏住索绪帚左右移动来捞丝头，然后用左手从索绪帚上拉下丝头后向上提起。这个过程要注意小心地拉起丝头，手用力要轻，要使用手腕的力量，不要断丝（图2-9）。

五、缠丝窠

缠丝窠又称"添绪"，具体做法是在找到丝头后将手中的丝头穿过铁丝制成的"丝钩"，再穿过"丝眼"，中间还有一个小转盘，用手指绕入牌楼架的铜绪上，将丝头引上"丝窠"，然后用脚踩缫丝车踏板，将蚕丝卷绕在车轴上。

另外，在缫丝过程中由于丝会自然脱落，故经常会发生中途落绪现象，这时也需添绪，即补上新的茧的绪丝，使得落绪部分不再继续，从而保证了所缫出的丝达到规定的密度（图2-10）。

图2-9　捞丝头　　　　　　图2-10　缠丝窠

六、绕丝轴

　　缫丝人的脚通过不停地踩踏板，踏板的运动带着车轴不停地转动，将洁白的蚕丝卷绕在车轴上。卷绕时要注意稳定与均匀，一是在缫车上放置镇石，以保持平稳，一般需要三块镇石，分别放置在丝车左、中、右的位置上；二是保证传动机构的正常运行，主要体现在母样凳与轴颈的传动问题（图 2-11）。

图 2-11　绕丝轴

七、炭火烘丝

　　炭火烘丝，俗称"出水干"，绕在车轴上的蚕丝由丁刚在水中浸泡过比较潮湿，所以缫丝时会在丝轴的下面放一个无烟的炭盆，用来把丝烘干。因此缫丝过程中卷绕和烘干是同时进行的，目的是更好地卷绕。另外，要注意掌握炭盆的火候和脚踏速度，使丝既马上能干，又不至于受损，这也是确保丝质量的重要一环。

第五节　工艺特征

一、技术高超、品质优良

　　辑里湖丝名甲天下，是中国乃至世界优质丝的代名词。辑里湖丝如此优质的秘诀在于：一是自然条件优越。缫丝过程强调"用清水、勤换水"，对水质特别讲究，辑里村东流淌着清澈透明的雪荡河，河水清澈如镜，提供了天然的缫丝条件。二是缫丝技术高超。辑里村人在缫丝工艺上注重"细"和"匀"，应用当时最先进的三绪脚踏丝车，所缫的丝"富于拉力、丝身柔润、色泽洁白"，可比一般土丝多挂两枚铜钿而不断。

二、用料讲究、选料严谨

　　辑里湖丝的优良品质取决于多方面因素，其中对使用材料的讲究与精选是重要的前提条件。辑里湖丝所选用的是源于明万历年间辑里村村民精心培育的"莲心种"，品种优良，这种蚕种特别适合缫制优质桑蚕丝，所缫之丝纤度细，拉力强，色泽鲜，解舒好。

三、工艺独特、操作精细

传统辑里湖丝手工制作技艺对操作工艺有很细致、严格的规范，要达到这些规范需要具备很高的技术水平，由此互相促进，使得辑里湖丝手工制作技艺不断精湛。同时缫丝工艺不断改进，形成了"勤换搭头，卷绕压稳，炭盆干燥"的独特技艺，完整地保留了湖州地区传统缫丝的特色。

第六节 作品赏析

一、辑里湖丝成品

辑里湖丝具有"细、圆、匀、坚"和"白、净、柔、韧"等特点，以及"细而匀、富拉力、丝身柔润、色泽洁白"等品质（图2-12）。

图 2-12 辑里湖丝成品

二、辑里湖丝制品

辑里湖丝因质优而"名甲天下"，在历史上也很有名。明清两代皇帝的贡品、龙袍凤衣等都是由辑里湖丝制作的。清朝时辑里湖丝更是制作皇帝龙袍的御用丝品，康熙、雍正等皇帝穿的龙袍都是用辑里湖丝精纺而成的（图2-13）。

辑里湖丝还经常被用来制作罗裙、丝绸等

图 2-13 辑里湖丝所制龙袍

（图 2-14、图 2-15）。丝绸作为中华优秀传统文化的重要组成部分，历代皇帝、百姓和众多的名人志士都与丝绸结下了不解的情缘，中国人民世世代代与丝绸共生存、同发展。

图 2-14　辑里湖丝所制罗裙

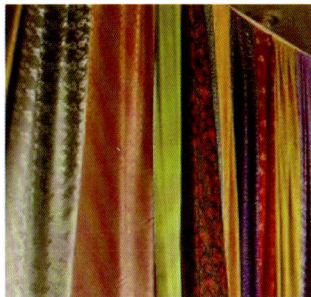

图 2-15　辑里湖丝所制丝绸

第七节　传承人专访

为进一步深入研究并继承和创新非物质文化遗产蚕丝织造技艺（辑里湖丝手工制作技艺），笔者深入浙江省湖州市南浔区调研，并专访了蚕丝织造技艺（辑里湖丝手工制作技艺）国家级传承人顾明琪，以下为此次专访内容。

一、您是如何走上辑里湖丝手工制作技艺的传承之路的？

顾明琪：从前的辑里村家家户户都养蚕，我们家祖祖辈辈也都从事种桑养蚕活动，我们这代人从小就跟着爷爷奶奶、爸爸妈妈学习种桑养蚕。我九岁的时候开始接触辑里湖丝手工制作技艺，随后跟着父母专门学习，一开始学习的时候非常辛苦。为了满足蚕宝宝对水质、气候、环境的特殊要求，我必须在一个星期内不分昼夜地缫丝，一开始动作太慢不熟练，断了蚕丝，损失了不少，为此也没少挨打。后来经过几年的学习实践和思考，我逐渐摸到了一些门道，还潜心研究了辑里湖丝手工制作技艺的全部流程，最终娴熟地掌握了这项传统技艺。现在缫丝的每一道工序我都能严格按照规定要求完成，抽出的蚕丝也是洁白如雪，粗细均匀。后来随着机器缫丝工厂的出现，手工缫丝技艺日渐式微，但我不想这项技艺失传，我想世世代代传承下去，所以我还一直坚持手工缫丝，继续进行辑里湖丝的手工制作技艺，并已经将这项传统技艺完整地传给了我的儿子和儿媳，也嘱咐他们未来也一定要传给我的孙子以及更多的人。

二、辑里湖丝手工制作技艺现在的传承状况如何？

顾明琪：我认为现在辑里湖丝手工制作技艺的传承状况不太乐观。首先，这一传统技艺的传承保护需要传统的工具配合，但是如今的木制手工缫丝车在整个南浔只剩下一台了，而且现在会制作手工缫丝车的老木匠大都年事已高，未来再复制出这样的手工缫丝车也不太可能了。其次，由于辑里湖丝手工制作技艺太烦琐，目前会这项技艺的老人已不到20人，大多已年近古稀，有的甚至年近耄耋，现在只有他们还在孜孜不倦地守着这项技艺，而大多数年轻人纷纷投身机器缫丝行业，不愿再学习这些手工制作技艺，所以现在辑里湖丝手工制作技艺面临后继无人的境况。最后，现在辑里湖丝手工制作技艺一般都是以家庭成员代代相传的方式传承，我现在也是将这项技艺传承给了我的儿子和儿媳，希望未来可以扩展到社会传承，通过发动大、中、小学安排课程来实地学习这项传统手工技艺，感兴趣的学生可以拜师再进行下一步的专业学习。虽然现在辑里湖丝手工制作技艺的传承人数不多，但我相信辑里湖丝制作技艺并不会失传。

三、您为了更好地传承辑里湖丝手工制作技艺做了哪些努力？

顾明琪：首先，在每年的养蚕季节我都会组织一次传承培训，开展带徒授艺活动，现在已经初步形成了老、中、青三个梯次共六位传承人的传承队伍。其次，我还会参加一些公益性的宣讲活动，向大众宣传辑里湖丝手工制作技艺的文化底蕴，开展义务讲解、现场演示整套辑里湖丝手工制作技艺流程等；我也会去学校里向各中小学生进行辑里湖丝手工制作技艺的演示和讲授，并成功创建了辑里湖丝手工制作技艺教学传承基地、南浔区中小学生爱国主义教育基地、上海财经大学学生实践基地、《湖州晚报》小记者实验基地等。通过这些活动也带动了一些群众和学生亲身参与到辑里湖丝手工制作技艺的传承和保护工作中来。最后，我也经常接受各大媒体的访问，进一步宣传辑里湖丝手工制作技艺，也会受邀参加一些国家和省、区、市相关部门组织的展览演示活动，现场为大家展示辑里湖丝手工制作技艺的绝活等。

其中印象比较深刻的是在2013年，我参加了由文化部非物质文化遗产司、国家图书馆和中国丝绸博物馆共同主办的"丝绸的记忆——中国蚕丝织绣暨国家级非物质文化遗产项目特展"，当时我也现场表演了辑里湖丝手工制作技艺的手工缫丝过程，还将我自己精心制作的一卷"辑里湖丝"捐赠给了国家图书馆。另外，在此次展会上，我还应邀录制了传承人口述史视频，后来发布在了"中国记忆项目——蚕丝织绣专题——传承人口述史"网站上。

四、您收徒弟的时候有哪些要求？

顾明琪：如果有感兴趣的年轻人前来学习辑里湖丝手工制作技艺，那我愿意免费教授他们。但由于传统的辑里湖丝手工制作技艺学起来的难度还是比较大的，对缫丝人的技艺要求也比较高，学起来非常辛苦，一时可能难以掌握，而且缫丝的过程中可能还会接触到一些腐蚀性的液体，可能会对人的皮肤有损害。所以，我在招收徒弟时，第一条要求就是要能吃苦，不怕苦，具备一心钻研技艺的精神，甚至付出比常人更多的努力来学习的品质。第二条是学习这项技艺要有恒心，能坚持，不能三分钟热度，因为如果想要精通辑里湖丝手工制作技艺的全部流程，是一个漫长的过程，所以在学艺之初就要有长期坚持学习的决心和毅力。第三条是要能够在思想上把辑里湖丝手工制作技艺作为一个非物质遗产去传承，要保护它背后的文化底蕴，要从保护文化的思想观念出发，进而提高传承保护的文化自觉。

五、自动化生产与手工生产制作的辑里湖丝有什么区别？

顾明琪：现在自动化缫丝大规模生产的工作效率比较高，手工缫丝生产效率太低，但二者生产出的丝还是有一定区别的。首先，因为蚕茧有大有小，在进行手工缫丝的时候，人眼可以直接观察到哪一个蚕茧将要用尽，就可以立刻加上另一个蚕茧，不耽误缫丝过程；但是自动化生产的时候，是依靠感应器来感应蚕茧的，它就需要等蚕茧完全用尽了之后才能感应到，然后再加上新的蚕茧，这样一来成品丝的中间会存在一段空缺，所以这也是自动化生产的丝的质量不如手工缫丝的质量的原因所在。其次，蚕丝是由丝素和丝胶构成的，其中丝胶占 20%~50%，丝胶会把蚕茧黏在一起，在手工缫丝时由于对水温的把控，所以丝胶的融化速度就会比较慢，对丝胶的破坏会少一点；而自动化操作设定的温度很高，丝胶融化得快，对丝胶的破坏力也大，影响成品丝的质量。最后，自动化生产的丝可以用来做服装、普通蚕丝制品等；但一些特殊的工艺只能用手工制出的丝来做，例如制作古琴的琴弦、制作绫绢用来修复古画等。随着时代的发展进步，未来手工制作的辑里湖丝还会有更多用处，所以我们更要注意对辑里湖丝手工制作技艺的传承保护。

六、您认为辑里湖丝手工制作技艺传承方面面临的困难有哪些？

顾明琪：目前来看，辑里湖丝手工制作技艺传承面临的最大困难，首先是经济效益低，想要生产蚕丝就需要养蚕，但养蚕比较辛苦，效益太低，而且浙江地区工业发达，工业带来的效益远远大于养蚕的收益，所以大部分人都放弃了养蚕。加之近年来国家采取东商西移政策，将养蚕缫丝行业转移到劳动力密集的广东地区，故南浔地区种桑养蚕业急剧衰落。由于广东的气候条件与土壤条件与湖州地区的差异，导致广东地区生产的蚕丝质量不如辑里湖丝。

其次，目前市场上所需要的手工丝用量太少，手工丝可能只用在比较特殊的用途上。如果未来辑里湖丝想要持续发展下去，必须探索出一条生产性保护的可行之路，但是目前与辑里湖丝手工制作技艺相关的产品如蚕丝被等往往难以打开市场，而且盈利不高，在产品研发方面也难以实现有效突破。

最后，目前参与辑里湖丝手工制作技艺的社会传承力量微弱，社会保护面不广，仅仅依靠我这个传承人的力量毕竟很有限。现在在整个南浔区义务参与辑里湖丝手工制作技艺传承和保护的民间社会组织力量仅限于一小部分热心的企业家、文化界人士和为数不多的非遗保护志愿者社团等，没有形成一种广泛的传承保护辑里湖丝手工制作技艺的共识。

七、您认为政府对于辑里湖丝手工制作技艺的传承应该做哪些努力？

顾明琪：为了更好地传承保护辑里湖丝手工制作技艺我认为政府应从以下方面入手。首先，政府应设置专项人才保护资金。目前辑里湖丝手工制作技艺缺乏专门长期从事传承保护工作的人员，另外辑里湖丝手工制作技艺传承人的补助和队伍建设都需要经费的支撑，虽然政府会给予传承人适当的补贴，但目前用于非遗保护和传承的专项资金相对紧张，所以需要政府加大专项资金投入。其次，政府应加大对辑里湖丝手工制作技艺的宣传力度。虽然中央电视台、《非遗里的中国》栏目组等都来采访过，但是目前辑里湖丝手工制作技艺除了在一些业界人士和辑里村当地人中有一定的知名度之外，大部分普通百姓并不了解辑里湖丝手工制作技艺的工艺特点、历史渊源和文化价值，我作为代表性传承人的传承活动也并未引起社会广泛关注，媒体对辑里湖丝手工制作技艺的宣传报道也缺乏长期性和持续性，所以需要政府进一步加大宣传。最后，需要政府通过拍摄相关视频资料等建立起辑里湖丝手工制作技艺数据库，充分利用现代数字化技术手段采集和记录辑里湖丝手工制作技艺项目资源，促进辑里湖丝手工制作技艺数字化保护工作，不断丰富、发展、传播辑里湖丝文化。

总的来说，政府对辑里湖丝手工制作技艺的传承保护还是很支持的，包括国家、省级和南浔区政府各部门，不仅建立了辑里湖丝文化研究会，还建造了辑里湖丝馆，搜集和整理了大量有关辑里湖丝手工制作技艺的实物及资料，包括种桑养蚕的工具、制丝的各类器具、记载辑里湖丝的书籍、辑里湖丝的获奖证书以及用辑里湖丝织成的龙袍官服等，吸引了许多游客来到展馆进行参观。

八、您对辑里湖丝手工制作技艺未来的发展有什么期望？

顾明琪：曾经的辑里湖丝有很辉煌的历史，比如在1851年荣获英国伦敦首届世界博览会金奖，成为中国第一个获得国际大奖的民族工业品牌；在1915年巴拿马国际博览会上，辑里湖丝也与茅台酒同获金奖；民国时期，辑里湖丝大量出口到日本、东南亚、印度等地，占同期出口蚕丝总量的大半，足以见得当时辑里湖丝的兴盛。虽然现在辑里湖丝逐渐淡出大众视野，但我仍希望通过自己的努力可在一定程度上改变这种现状。

关于辑里湖丝手工制作技艺的未来，虽然想要重现辑里湖丝的辉煌盛景有很大困难，但我还是希望用最传统的方法去还原一下辑里湖丝最辉煌的那些年，让辑里村生产出的蚕茧留在村里加工生产，从而能做到真正的辑里湖丝。我希望未来能有更多的年轻人加入种桑养蚕业中来，年轻一代对辑里湖丝有求知欲望，通过年轻人的加入更好地重振辑里湖丝的辉煌。我还希望可以重建一个新的辑里村，辑里村的土地规划可以进一步完善，并与乡村旅游相结合形成一个辑里湖丝旅游点，村里还可以开展农家乐、民宿等吸引游客前来参观，辑里村的村民可以重新养起蚕宝宝，从种桑养蚕开始，到辑里湖丝手工制作技艺的展示，一直到丝织品生产等，然后一步步建立起针织厂、服装厂等。另外，辑里村 5000 亩土地生产的限量版辑里湖丝可以销往全国各地，发展这种乡村旅游一方面有利于提高乡村经济发展状况，另一方面传承保护了非物质文化遗产。

第八节　传承现状与对策

一、传承现状

1. 传统种桑养蚕业逐渐衰落

在经济快速发展的当今时代，传统的种桑养蚕业已逐渐没落。主要原因在于：首先，传统的种桑养蚕业兴盛于农耕时代，那时蚕桑是村民们的主要经济来源；然而，现在那种传统单一的生产模式已经不在，而且养蚕的经济效益过低，所以大部分村民选择外出打工或转而经商，农村居民的经济来源开始多元化，故以种桑养蚕为业的人数开始大幅下降。其次，传统的养蚕方式也在阻碍着种桑养蚕业的发展，因为蚕本身的特点，当下还无法通过大规模机械化生产来代替传统养殖，而单户人家散养的方式根本无法跟上现代经济发展的脚步。最后，传统丝织产品在人们日常生活中比重下降，随着更多物美价廉的服装产品涌入市场，大众对于丝织品的需求量普遍下降，也在一定程度上制约了种桑养蚕业的发展。

2. 机器缫丝代替了手工制丝

在过去，人工制丝是主要的工艺方法，辑里湖丝手工制作技艺也曾辉煌一时，但由于生产效率低下和劳动密集度高，逐渐被机器缫丝取代。机器缫丝通过使用各种设备，如梳棉机、纺纱机等，实现了纺织纤维的自动化处理。随着机器缫丝业的发展，辑里湖丝手工制作技艺受到巨大冲击。因为机器缫丝可以大批量生产，效率不但远高于手工制作技艺，而且与机器缫丝相比，手工制作出来的丝往往因条纹粗细不匀、丝质不净，在用于机器编织时产生的废丝多，出现的损耗大，所以企业更愿意选用机器缫制出来的丝。同时手工制丝不仅耗费时间长，带来的效益也低。因此，自 20 世纪 30 年代后，受机械化缫丝技术的影响，辑里湖丝手工制作技艺这项传统工艺开始逐渐衰落。并且随着辑里村中会手工制丝技艺老人的陆续逝去，手工制丝技艺也逐渐淡出村民生活。

3. 辑里湖丝产品分散且缺少创新

从前，太湖一带均进行蚕丝的生产工作，并借由"辑里"的名号进行售卖，辑里湖丝受到大家广泛的认可。然而现在，人们各自为营，出现了一些商家打着"辑里湖<u>丝</u>"的旗号，售卖劣质丝绸产品的现象。这些经营者在经营活动中制假贩假，使用低质量、低价的劣质丝以赚取更多的利润。而消费者多为游客，没有较强的分辨能力，在买到假货并使用时，便将产品的劣质与辑里湖丝画上等号，严重损害了辑里湖丝的信誉和声誉。

虽然历史上辑里湖丝多为贡品，主要用于生产传统的帝王服装等产品，但或许曾经的辉煌早已不太适合现在这个时代。当今社会中传统的丝织品，像丝绸服装、蚕丝被等的受众非常有限，再加上当地的传承人文化水平较低，缺乏创新能力，导致他们无法将辑里湖丝手工制作技艺这一非遗文化融入当地居民的日常生活中，尝试制作出来的一些文化产品也不足以吸引现代消费人群。这种情况严重阻碍了辑里湖丝手工制作技艺的传承和创新，并且很难让现代大众感受到它们的魅力。

4. 传承后继无人

辑里湖丝手工制作技艺入选国家级非遗项目后，虽然确定了相对应的传承人，国家也引入了一些传承人保护机制，但传承人的年纪普遍偏大，老龄化程度严重，现在已经没有更年轻的继承人从事辑里湖丝手工制作技艺了。主要原因在于辑里湖丝手工制作技艺对年轻人的吸引力不够大。现如今机械化缫丝大规模应用，许多年轻人觉得低效率、低收入的手工制丝技艺已跟不上时代的发展，必定会被时代所淘汰，所以很少有年轻人愿意主动学习手动制丝技艺。现如今，随着辑里湖丝手工制作技艺的传承人日渐年老，辑里湖丝手工制作技艺面临着后继无人的境地。如果这种现象不能转变，那么辑里湖丝手工制作技艺这一传统技艺失传将是迟早的事情。

二、传承对策

1. 改进生产模式，重振种桑养蚕业

在当今经济快速发展的大背景下，传统的单家农户养蚕方式已经不能满足社会的需求，所以要设法改进养蚕的生产模式。比如可以由政府或企业组织集中零散的农户，设立一个大型农场，让农民演变为农场的工人，以农场化的方式养蚕，以发挥规模经济效应，同时还可以吸引外出打工的年轻人回流。但是在这个多元化的市场经济时代，如果只依靠单一的农场化蚕桑养殖可能依旧困难重重，那么可以考虑将蚕桑产业多元化经营作为一大突破点，比如在蚕桑养殖过程中，可以同时与饮食业、旅游业、农家乐、文化传播等模式相结合，进一步推动种桑养蚕业的发展。

2. 手工制丝寻找新出路

首先，虽然机器缫丝效率高，可以批量生产，更能适应当今社会的需求，但是手工制丝也有其难能可贵的品质，比如手工制丝能最大限度地保留丝胶，保证蚕本身的天然元素不被破坏，从而使制出的丝粗细均匀，韧性更高，质量更优，寿命也更长。而且手工制丝技艺可以兼顾许多细节，而这些细节在很大程度上也决定了丝的质量。

根据这一特点，当地可以坚持手工制丝这一模式，做原汁原味的辑里湖丝，并结合本土特色，融入当地文化，坚持用手工丝制作一些日常用品，使手工制丝也能在实际生产中得到传承。其次，手工制作出的丝往往因其高品质有一些特殊的用途，比如制作古琴的丝弦，每根丝弦是由上千根蚕丝制成，发出的声音音色古朴、静美，对琴师来说，指尖触碰丝弦，就像在拨弄与历史相通的怆然悠长之气。最后，手工丝还可以用来制作绫绢来修复古代绢本文物，绫绢为绫与绢的合称，所谓"花者为绫，素者为绢"，绢主要是用来在上面作画的，比如著名的《清明上河图》就是绢本画，绫则是用来装裱画作的。通过这些模式，可以最大限度地发挥手工制丝的功能，从而将濒危的传统手工技艺从困境中拯救出来，使辑里湖丝文化得以发扬光大。

3. 建立辑里湖丝品牌效应，进行产品创新

品牌效应是目标消费者和公众对某一特定事物的心理、生理感受和评价的结晶。就当今市场而言，优良的品牌效应能在提高商品价格的同时扩大市场，强大的品牌优势能扩大商品的影响力。辑里湖丝想要更好地走进市场和促进产业化，必须建立自己的商业品牌，形成自己的品牌文化和品牌价值。有一个好品牌是辑里湖丝产品进一步发展的前提，但这还是不够。在当今社会，无论多大的品牌，多好的产品，若是缺乏营销和宣传，它们就会被人们遗忘。再加上一些劣质丝冒充辑里湖丝，损害了辑里湖丝的声誉。所以，辑里湖丝传承人要建立品牌意识，给辑里湖丝注册商标，只有防伪工作真正做到位，才可确保辑里湖丝的高品质。

另外，辑里湖丝的产品也应顺应时代而自我创新，无论走高端路线抑或是用于百姓生活。比如，可以从辑里湖丝的品种结构、工艺技术、用途及其延伸的丝绸美术、丝绸音乐、丝绸绘画等方面寻求创新，从而在创新中不断提升"辑里湖丝"的内涵。或者也可以尝试以识别性强、符合大众审美趋势的文创形象设计与辑里湖丝手工制作技艺相融合，让传统技艺走进现代生活。辑里湖丝只有顺应市场经济的发展，通过延伸产业链，提升附加值，满足青年消费主力军的需求，才能真正得到发展。通过创新的保护方式，重振辑里湖丝手工制作技艺，为辑里湖丝带来持久的发展动力。

4. 建立辑里湖丝传承人储备库

非物质文化遗产的保护、传承、发展除了政府部门的主导作用，非遗传承人的保护与人才资源库的建立也非常重要，是关系到非遗文化能否传承下去的关键所在。在辑里湖丝技艺的传承和保护上，继承人起到了至关重要的作用。但现在辑里湖丝技艺缺少年轻的传承人。例如，顾明琪老师的传承人是自家儿媳（省级传承人），可见顾老师只是一脉单传，并没有深度推广。其中缘由是多方面的，中间有许多问题亟待解决。

首先，要培养年轻的辑里湖丝传承人，应该从基础做起，先让更多的年轻人了解到辑里湖丝手工制作技艺。政府可以通过各种宣传渠道，让年轻一代了解到辑里湖丝手工制作技艺的价值，引起他们对这一传统技艺的重视；同时还要通过各种教育方式，让年轻人了解到辑里湖丝手工制作技艺的魅力，培养他们对辑里湖丝手工制作技

艺的热爱和责任感。

其次，政府应为愿意学习辑里湖丝手工制作技艺的年轻人建立专业的培训系统。培训内容应该包括辑里湖丝手工制作技艺的完整工艺流程和步骤，以及与辑里湖丝相关的历史沿革和文化知识。同时为他们培训的师资力量也要尽可能选取具有丰富经验和深厚功底的老艺人，以确保培训质量。

最后，不仅要培养年轻一代学习辑里湖丝手工制作技艺，还需吸引掌握辑里湖丝手工制作技艺的中年手艺人加入，共同为这项传统技艺的未来传承储备人才，只有这样建立起老年、中年、青少年三代协同发展的传承人储备体系，辑里湖丝手工制作技艺才能在新时代下顺利传承，并进一步发展。

第三章

双林绫绢

双林绫绢，湖州双林镇出产的绫绢，是我国丝织品中的奇葩。2008 年 6 月，蚕丝织造技艺（双林绫绢织造技艺）被列入国家级非物质文化遗产名录（表 3-1、图 3-1）。2018 年 1 月，郑小华被评定为第五批浙江省非物质文化遗产代表性项目"双林绫绢织造技艺"代表性传承人（图 3-2）。

表 3-1　双林绫绢项目简介

名录名称	蚕丝织造技艺（双林绫绢织造技艺）
名录类别	传统技艺
名录级别	国家级
申报单位或地区	浙江省湖州市
传承代表人	郑小华

图 3-1　双林绫绢入选国家级非物质文化遗产

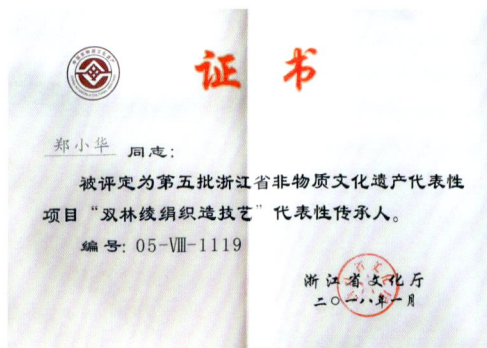

图 3-2　双林绫绢代表性传承人证书

第一节　起源与发展

一、双林绫绢的起源

双林绫绢出自湖州东南的双林镇，处于太湖文化、古运河文化、吴越文化的交融之中，有着深厚的文化底蕴；同时也处于杭、嘉、湖之间的水网地带，历来盛产桑蚕，缫丝业相当发达。因而在桑蚕业发展的同时，除了丝绸外，还创造了另一种丝绸业奇葩——双林绫绢。绫绢是绫与绢的合称，"花者为绫，素者为绢"，用纯桑蚕丝织制而成。双林绫绢轻似晨雾，薄如蝉翼，质地柔软，色泽光亮，素有"凤羽"之美称。"吾镇女工以织绫绢为上，习此者多而出息亦巨，机声鸦轧，晓夜不休，古风可朔"。

绫绢生产历史非常悠久。湖州市 1956 年及 1958 年先后两次对钱山漾遗址的考古发掘，发现有未炭化呈黄褐色的绢片，经测定系家蚕丝所织，平纹，经密每厘米 52 根，纬密每厘米 48 根，与当今的绢织物结构基本相同。可见在距今 4700 多年的新石器时代晚期，湖州就有了世界上最早、最精美的丝织绢片。

三国时期，湖州隶属东吴，所产绫绢已享盛名，有"吴绫蜀锦"之称。东晋时，绫称吴绫，绢称白练。东晋太元六年（公元381年），王献之任吴兴太守时，已用白练书写；南朝宋时，绫绢已成为当时对外贸易的"拳头"商品，大批绫绢经由广州等地出口到林邑（越南）、扶南（柬埔寨），以至天竺（印度）、狮子国（斯里兰卡）等十多个国家。梁时，因梁武帝小名阿练，避讳改"练"为"绢"。

唐代，双林已具相当高的织绫技艺，能巧妙地运用不同斜纹纺织，互相衬托出花纹，使花形若隐若现。著名诗人白居易曾有"异彩奇文相隐映，转侧看花花不定"的佳句给予高度赞美。当时吴绫、乌眼绫等均为朝廷贡品，并远销日本等国。

宋元时期，双林绫绢生产十分兴旺，织造与印染、生产与销售已实行专业分工。织户环聚东林与西林，东林"有绢庄十座，在普光桥东，每晨入市，肩相摩也"；西林吴氏设庄收绢，染绢的皂房则集中在耕坞桥一带，漂洗皂绢，染黑了桥下的清水，"墨浪潮"即由此得名，从此，双林别称"墨浪"。至明永乐三年（公元1405年），东西两林合为双林镇后，绫绢行业更趋发达。绫、绢巧变百出，产品名目繁多，有花有素，轻重兼备。常年生产的绫有包头绫、帽顶绫、乌绫、裱绫、倪绫、安乐绫、板绫等。绢有包头绢、杜生绢、冬生绢、夏生绢、官绢、灯绢、裱绢、矾绢等。其中以倪绫、包头绢、包头绫最负盛名。朝廷"奏本"专用双林"倪绫"，据《双林镇志》载："按本镇之绫，以东庄倪氏所织者为佳，名为倪绫。盖奏本面绫有一龙，惟倪姓所织龙睛突起有光，他姓不及也。"包头绢、包头纱唯双林一方人用丝与绵交织而成，均用作妇女首饰与男子裹首罩面防风沙。按其花式，最初只有平纹的清水包头，后来有四季花、西湖景、百子田、百寿、双蝴蝶、十二鸳鸯、福禄寿喜、八宝龙凤、云鹤、盆景、花篮等。按长度有连为数丈，有开为十方，轻者二三两，重至十五六两。名目有加长、放长、中六、真清、福清、提清、荡胶、缎本、轻长、加阔、连分、西清、行脚地等。

清代，绫绢生产形成专业生产规模，除倪绫、包头绢、包头绫外，产品转向以裱绫、裱绢为大宗。裱绫、裱绢主要用于装裱书画，裱绢还用于装饰墙壁。裱绫有龙绫、云鹤绫、洋花绫等；裱绢有三二素绢、尺八纱、尺六纱等。道光、咸丰年间，绫绢都用小花楼提花机以不同的工艺织造。同治年间，倪绫世家倪氏将倪绫工艺传于独生女梅英，梅英嫁与倪家滩（今镇西乡）王姓后，授技艺于全村及附近纱机山、里庄、雉头村等地，并设计生产纹绢、双凤绫、滕玫、喜鹊等新品种，倪绫得以世擅其名。此时，绫绢贸易除丝行、绢庄外，还有各种居间商（贩子）、小商人（拆丝庄）等。清人姚文泰在《双溪棹歌》中咏其盛况云："侵晓衣冠上绢庄，满街灯火似黄昏，吴船越舫纷来到，姚本风行通四方。"据《双林镇志》记载，当时的绫、绢销往福建及温台等地，沿海舟人用于裹头，盛时销到十余万匹；而裱绫、裱绢则行销各省并直达日本，甚至设分庄于上海、苏州，销路乃更发达，岁值银约十万元。

二、双林绫绢的发展

1. 双林绫绢的发展历程

民国八年至十年（1919~1921），双林绫绢仍十分鼎盛。当时镇上机织作坊和打线、牵经等工场初具规模，有绫绢专业户和半耕半织者 1000 多户，从业人员逾 5000 余人，脚踏手拉织机 2000 多台，年产绫绢 240 多万米。此后几经兴衰，至抗日战争时期绫绢生产萎缩而衰落。

中华人民共和国成立后，绫绢这一传统产业才逐步得以恢复。20 世纪 50 年代初，双林镇西乡有织机 630 台，真蓉乡 250 台，主要生产阔花绫、狭素绫、狭纹绢、灯绢、一丈绢纱等品种，年最高产量为 130 万米左右。1956 年，由十三家织户组建双林镇绫绢胶坊小组。1958 年，以该小组为基础建立吴兴县双林绫绢厂，后改湖州市双林绫绢厂。从此，绫绢生产从几千年的脚助手拉、单家独户的家庭手工业生产逐步转向大规模的机械化生产。湖州市双林绫绢厂是国内唯一的自织自染的绫绢专业生产厂。1966 年，绫绢丝织品年产量达到 14 万多米。到 1971 年，全厂只有一台织机织绫，年产花绫仅 13500 米，双林绫绢名存实亡。1976 年后，绫绢生产重放光彩，绫绢产量成倍增长。到 1979 年，绫绢年产量达到 106 万余米，首次突破百万米大关，同时常年生产绫、绢、装裱绸以及绢制艺术风筝、宫灯、锦盒等工艺系列产品 30 多种，有 100 多种花型色泽，成为全国最大的自织自染的绫绢专业厂。产品行销全国，出口美国、西德、东南亚各国及港澳地区。其中 H1926 花绫和 H1925 矾绢在第五届亚太地区博览会上双获国际金奖，B6001 锦绫被评为中国工艺美术百花奖创作设计二等奖。尤其是 H1926 花绫，还荣获全国轻工业部颁发的优质产品证书，享誉国内外。由于绫的缩水率与宣纸基本一致，所以具有装裱平挺、画面不皱不翘的特点，雍容华贵，古朴文雅，给人以完美的艺术享受，被上海朵云轩、北京荣宝斋、杭州西泠印社等著名书画单位誉为我国"最理想的传统裱画用绫"。

我国著名画家叶浅予曾专程访问了双林绫绢厂，对双林绫绢赞赏不已。双林籍著名书法家费新我先生，曾作诗《双绫与我》道："书画牡丹绫绢叶，一衬一托更增色。雅人谁不想绫裱，绫产双林世无匹。我书我画每整装，常欣花叶一乡出。云游四海壁间赏，俱有双绫在其侧。顿起乡思及我居，旧新门户绫相接。"表达他对双林绫绢的无比眷恋之情。绫绢除用于装裱书画、制作工艺品外，还能广泛应用于报刊印刷、书籍装帧、古书画的复制等。

21 世纪后，双林绫绢生产企业更彰显其灵活性，适应市场需求不断开发新产品。云鹤双林绫绢有限公司根据复制古旧书画的需求研发出"绫绢"新产品，故宫博物院采用绫绢复制深藏在院内的数千幅古旧字画，在北京奥运会召开时作为国礼赠送给来自世界各地的重要贵宾，双林绫绢这一古代贡品走进了 2008 北京奥运。绫绢作为中华丝织工艺之精品，在其发展的历史长河中，以其精湛的制作工艺被世人所青睐，得到了历史的肯定，成为中华民族丝织工艺文化的重要组成部分。

同时，其工艺传承有着独特的历史和现代价值，随着现代社会经济、文化、技术等诸多因素的影响，绫绢的用途也越来越广泛。北京荣宝斋、故宫博物院、上海博物馆、天津杨柳青等全国众多文化书画单位都采用双林绫绢作装裱。不仅如此，绫绢还被广泛应用于工艺美术、外贸旅游、装饰工艺等。2008年北京奥运会、残奥会运动员获奖证书均采用双林绫绢制作，促进了我国传统工艺美术文化、民俗文化的发展。绫绢这朵祖国的传统丝织工艺之花，正以崭新的面貌焕发着青春，在新时代中迸发出更加鲜艳夺目的光彩。

为使双林绫绢得以更好地保护、传承和发展，2000年11月，由郑小华等人对原湖州市双林绫绢厂实行资产重组，组建湖州云鹤双林绫绢有限公司，郑小华任总经理。公司占地面积5500 m²，建筑面积6300 m²，拥有丝织机50台及配套设备，职工50人，年产绫绢300万米，产品畅销全国三十多个省、自治区和直辖市的四百多家文化书画、工艺美术单位，并远销日本、韩国、英国等国。2017年，湖州云鹤双林绫绢有限公司被评为"双林绫绢织造技艺"国家级非遗项目的浙江省生产性保护基地。该公司在上级文化主管部门的指导下，以浙江省非遗传承人郑小华为组长，配备精干技术力量，建立工作班子，专门从事绫绢织造技艺的非遗保护工作，扎实开展了系列非遗保护活动。利用各种媒介进行"双林绫绢织造技艺"的非遗保护宣传。2016年创建双林绫绢织造技艺传承馆，向中、小学生及社会各界普及绫绢的历史和制作技艺；多次参加国内非物质文化遗产的展示展览活动。2019年，双林绫绢织造技艺体验馆顺利开馆，体验馆重在体验，免费向公众开放。2021年，湖州云鹤双林绫绢有限公司总经理郑小华作为故宫与东方歌舞团史诗歌舞剧《只此青绿》的非遗顾问，为该剧提供了双林绫绢织造技艺的织造工序讲解及演出所需要的绫绢各类材料，该歌舞剧也登上了春晚的舞台。2022年，湖州云鹤双林绫绢有限公司又制作了2022年北京冬奥会证书的材料，这是继2008年北京奥运会制作证书材料之后，实现双奥证书材料的制作，是祖国和人民对绫绢这个项目的认可。

2. 双林绫绢的传承历程

中华人民共和国成立前，双林有多个绫绢加工小作坊，到1956年社会主义改造时期，由张金坤发起，在张金坤天顺胶坊所在地——双林镇南栅塘子湾，成立了公私合营的双林胶坊小组，共有十三人，由相明康任组长，张金坤、杨松林为副组长。成员有：施顺发、陆志荣、程金旺、周德才、方荣生、袁和尚、张金宝、王维华、袁绍根、施吾生。至1958年，以双林胶坊小组为核心成立了双林绫绢厂，相敏康为厂长，相敏康乃是张金坤之徒。在1958年，张金坤收徐公威为徒，徐公威乃是20世纪80年代双林绫绢厂的副厂长，直至单位解体。张金坤之三子张治1960年开始在双林绫绢厂工作，后曾担任该厂厂长之职。

郑小华，20世纪80年代开始从事绫绢生产工作，掌握传统手工技术，现任湖州云鹤双林绫绢有限公司总经理、湖州双林绫绢厂厂长。自2000年11月开始对双林绫绢进行综合开发、保护，使濒临绝传的原始手工技艺重放光彩。在郑小华的带领下，双林绫绢于 2001 年、2010 年和 2018 年先后三次被中国文房四宝协会授予"国之宝"荣誉称号；2005 年 12 月被第六届中国（芜湖）国际旅游产品博览会评为银奖；2007 年被北京奥组委认定为制作奥运获奖证书材料单位；2007 年 6 月"双林绫绢织造技艺"被浙江省人民政府列入浙江省非物质文化遗产名录；2008 年被第 29 届奥林匹克运动会组织委员会授予为北京 2008 年奥运会、残奥会文化工作做出积极贡献荣誉奖；2008 年 6 月双林绫绢织造技艺被列入第二批国家级非物质文化遗产保护名录；2009 年 9 月双林绫绢织造技艺在联合国教科文组织保护非物质文化遗产政府间委员会第四次会议上入选"人类非物质文化遗产代表作名录"。2009 年 12 月郑小华被评定为第一批湖州市非物质文化遗产"双林绫绢织造技艺"代表性传承人；2010 年"汉贡"牌绫绢被浙江省商务厅授予"浙江省老字号"荣誉称号；2016 年创建国家级双林绫绢传承馆；2017 年湖州云鹤双林绫绢有限公司被评定为非遗浙江省生产性保护基地；2018 年郑小华被评为第五批浙江省非物质文化遗产"双林绫绢织造技艺"代表性传承人；2019 年创办双林绫绢织造技艺体验馆。2019 年由南浔区文化和广电旅游体育局颁发设立南浔区非遗大师工作室，郑小华作为非遗传承人、南浔工匠，一直坚持带徒授课。2020 年入选文化和旅游部乡村文化和旅游能人。

图 3-3 所示为双林绫绢手工技艺传承谱系。

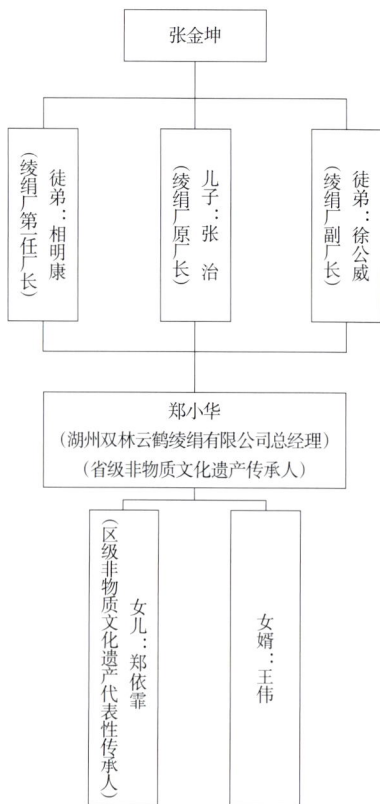

图 3-3 双林绫绢手工技艺传承谱系

3. 所获主要荣誉（表 3-2）

表 3-2 所获主要荣誉一览表

时间	奖项说明	颁奖单位	证书展示
1983 年 9 月	云鹤牌 H1926 花绫被评为浙江省优质产品	浙江省计划经济委员会	
1987 年 12 月	云鹤牌 H1925 矾绢被评为浙江省优质产品	浙江省计划经济委员会	

时间	奖项说明	颁奖单位	证书展示
2007年6月	被列入浙江省非物质文化遗产名录	浙江省人民政府	
2010年	被评为"浙江省老字号"	浙江省商务厅	
2017年1月	被评为浙江省非物质文化遗产生产性保护基地	浙江省文化厅	

第二节 风俗趣事

一、郑小华老师与双林绫绢"结识"的故事

郑小华在高中毕业之后就进入绫绢厂上班，他见证了双林绫绢产业的兴衰历程。郑小华刚开始作为学徒进入双林绫绢厂的职务是挡车工，之后职务从挡车工变为保全工，然后到染色工，基本上经历了所有工序的每一个步骤。当时，绫绢厂还是一个规模比较大的国营企业，所有的工序都需要经过定期考核，同时有师徒帮带。当时有很健全的一套带徒体系，需要经过考核之后再分布到不同的岗位。

20世纪80年代是双林镇绫绢产业的黄金时期，但到了90年代中后期，随着市场竞争的加剧和技术的更新换代，绫绢的产量和销售额逐年下滑，许多绫绢厂纷纷倒闭。最初双林绫绢厂是一个织染一体的、对外销售的国营企业，但在1999年市场经济体制改革的冲击下，双林绫绢厂倒闭。然而郑小华并未放弃，他怀着一种作为一个"绫绢人"需要把绫绢作为一项事业继续传承下去的心态，怀揣着内心的热爱，一心只想将绫绢厂拯救于水火之中。在2000年双林绫绢厂破产拍卖之际，由郑小华牵头，毅然决然地借钱买下了厂房和技术资料，与两个朋友合伙把绫绢厂重新开了起来，命名为湖州云鹤双林绫绢有限公司。

之后郑小华更是决心复兴这一流传千年的传统技艺。他不辞辛劳地四处走访，请教老师傅们传授技艺。他带领团队深入挖掘原始手工艺，成功研制出古花绫、古耿

绢及故宫专用耿绢等产品。这些产品不仅达到了明清时期绫绢的品质，还为修补古旧字画和修复丝绸文物做出了巨大贡献。如今，双林绫绢厂生产的仿古绢已经走进了大英博物馆、克利夫兰博物馆、华盛顿博物馆等世界知名博物馆，展示了中国传统文化的独特魅力。

二、双林绫绢与奥运结缘

在冬奥会的舞台上，雪花与冰块的完美融合，宛如几何艺术的结晶，传递出无与伦比的独特韵味和强烈的力量感。这种韵味，正是 2022 年北京冬奥会运动员获奖证书上图案所展现的精髓。而这图案的灵感，则源自浙江双林地区历史悠久的传统花纹——冰梅花。

谈及这一设计背后的故事，浙江省"双林绫绢织造技艺"的传承人、湖州双林绫绢厂的现任厂长郑小华自豪地表示："我们深度参与了这次纹样设计的方案制定。当我们向设计团队展示双林绫绢中传统冰梅花的花型时，他们深受启发，并巧妙地将这一元素融入了冬奥证书的设计之中。"作为北京奥组委认可的奥运获奖证书材料制作单位，湖州云鹤双林绫绢有限公司从 2021 年上半年开始，便全情投入"冬奥绫绢"的生产与质检工作中。为了满足证书轻薄平整的严格标准，团队在缫丝技术上进行了创新与突破。

实际上，双林绫绢与奥运会的渊源颇深。早在 2008 年北京奥运会期间，该厂生产的祥云纹绫绢就被选为奥运证书的指定材料，并作为国礼赠送给世界各地的贵宾。这一荣誉的背后，是湖州云鹤双林绫绢有限公司与故宫等文保单位长期合作积累下的丰富经验和精湛技艺。

郑小华回忆起那段时光："绫绢，顾名思义是绫与绢的合称。绫多用于书画的装裱，而绢则主要用于书写和绘画。奥运证书的制作同样需要运用到装裱技艺。我们与故宫等文保单位有着悠久的合作历史，他们的高标准要求我们不断提升技艺。当时，正是这些文保单位的老师们向奥组委推荐了我们的绫绢。从 2008 年北京奥运会开始，我们就参与了证书裱封材料的设计与生产工作，而这次 2022 年北京冬奥会，仍然是与当年的团队在合作。能够两次为奥运证书装裱，我们深感自豪。"

三、双林绫绢"接棒传承"

在时光的长河中，双林绫绢的传承者们始终坚守着这份独特的工艺，使得它的应用范围逐渐扩大，展现出无尽的生命力。2015 年，郑小华的女儿郑依霏毅然决定回到家乡，接过父辈手中的接力棒，继续传承和发展双林绫绢织造技艺。郑依霏不仅继承了传统的织造技艺，更在此基础上大胆创新，推出了一系列仿古绢产品，如仿宋、仿明清等风格的绢画。这些作品不仅还原了古代绢画的韵味，更在细节上精益求精，展现出了现代工艺与传统技艺的完美结合。

为了拓宽销售渠道，郑依霏还积极利用互联网资源，开展私人定制业务。她通过社交媒体和电商平台，将双林绫绢的美丽与独特传递给更多的人。同时，她还结合文创产业的发展趋势，研发出很多适合绘画、装裱的优质绢料，让双林绫绢在绘画艺术领域得到更广泛的应用。郑依霏的回归和创新，为双林绫绢注入了新的活力，使得这一传统工艺焕发出更加绚丽的光彩。在她的带领下，双林绫绢将继续传承和发扬下去，成为中华文化的瑰宝之一。

第三节　制作材料与工具

双林绫绢在制作过程中所需要的工具有很多，主要包括漆石缸、绷架、炼灶、石元宝、织绢机等。

一、漆石缸

漆石缸，用于浸泡白厂丝（图3-4）。

二、绷架

绷架，主要用于上矾。上矾时，立一副毛竹架子，用竹片缚紧绢的两头，用杉木棍夹紧绷挺，用羊毛排笔蘸上胶矾在绢面均匀、有序地刷涂，一面刷完待干后，再用同样的方法刷涂另一面，干后收下卷成筒形放好（图3-5）。

三、炼灶

炼灶，在炼染过程中使用（图3-6）。

图3-4　漆石缸

图3-5　绷架

图3-6　炼灶

四、石元宝

绫绢织造后以植物染料染色，最后用石元宝砑光整理。砑光是利用光滑的石块对织物进行碾压加工从而改善织物光泽的工艺过程。石元宝又称踹石，是砑光整理的专用工具（图3-7）。

五、织绢机

绢织机，旧时双林乡村常见的一种素织物机型，多用于织绫绢类织物，故而得名，该机采用两块踏板，通过互动式提综机控制两片综，十分简明。此类织机在清代盛行一时（图3-8）。

图3-7　石元宝

图3-8　织绢机

第四节　制作工艺与技法

传统"双林绫绢"的生产流程工序繁杂而严密，主要有卷丝、浸泡、阴干、翻丝、并丝、整经、放纤、织造、炼染、批床、砑光等工序。

一、卷丝

卷丝，俗称"套丝"，在浸泡前必做的一道手工序。目的是防止在浸泡过程中，丝与丝之间相互串绕，防止损伤纤维。

二、浸泡

浸泡指将每七股白厂丝卷成一卷，浸泡在加有乳白色柔软剂的漆石缸中。即把白厂丝用温水加柔软剂浸泡几小时，等柔软剂完全被白厂丝吸收进去，水变清澈后将水放掉，然后把白厂丝绞干放在竹竿上抖松晾干。

三、阴干

阴干是指白厂丝浸泡、绞干后，挂在竹竿上晾干，不能暴晒，目的是保护蚕丝蛋白质（丝胶）（图 3-9）。

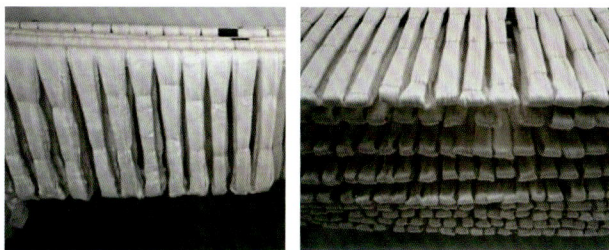

图 3-9　白厂丝阴干

四、翻丝

翻丝指将浸泡晾干的蚕丝放在络丝车上，经丝络在六角竹签上，纬丝络在筒子上。遇到断丝和毛丝通过操作工掌控，遇到断丝要结头，将两断丝连在一起，为整经做准备。

五、并丝

并丝指在并丝车上将几根纬丝合并成一根股线。

六、整经

整经指采用分条整经车，整经车按不同产品的要求，将翻在六角竹签上的经丝卷绕在整经车的大圆框上，然后退绕到经轴上供织造之用。在将丝线退绕到轴上时要注意保持一定的张力，以确保产品的质量。

七、放纡

放纡指用手将卷绕于竹签上的纬丝浸泡后，用纺车绕于竹管上供织造使用（图 3-10）。同样要控制好丝的张力，以确保产品的质量。

图 3-10　放纡

八、织造

织造即将经轴放在织机上，织成绫绢（图 3-11）。

图 3-11　织造

九、练染

练染指将绫绢用针线沿边均匀分档订上后，放入石灰水大锅中煮沸一刻钟，然后过清水捞出。用猪胰子滤绫绢，滤一夜，再用清水漂洗后晾干。染色是将绫绢放入加匀染剂的清水中，第一道常温，后四道高温，最后过清水捞出。最原始的练染过程为汤锅炼煮，即在铁锅里放一担清水，放二粒蚕豆大小的纯碱，烧滚。然后放生石灰（石灰为主、碱为辅），同时将草柴灰或桑柴灰水滤到水缸里，再盛到铁锅里，与石灰水在一起煮炼。

十、批床

批床即用刮子将绫绢的经纬向正反面批匀，用沾有菜油的布轻抹绫绢面（图 3-12）。绫与绢经炼染后，经批床整理。批绫或绢时需要两人合作，俗称上手和下手。上手一般是精通此技艺的老师傅，下手一般是出师的小师傅。绫或绢的经纬向、正反面都要批匀，使绫或绢的面好看，花色、光头都显现出来。

十一、研光

研光是利用光滑的石块对织物进行

图 3-12　批床

碾压加工从而改善织物光泽的工艺过程。炼染工用脚踏踩石元宝，将绫绢的丝压扁，使绫绢光滑、紧密、质地均匀。

第五节 工艺特征与纹样

中华人民共和国成立后，随着绫绢织造、炼染、整理、上矾技艺的发展，双林绫绢的花色品种有了很大发展。绫品种有轻花绫、重花绫、阔花绫、交织花绫、锦绫、金波绫，绢品种有耿绢、矾绢、工艺绝缘纺，花绫花形有云鹤、双凤、环花、冰梅、古币、锦龙、梅兰竹菊、福禄寿喜等，有近百种花形色泽。

花绫的花色古朴典雅，体现了传统的民族风格。纹样以禽鸟、瑞兽、花草和象征吉祥如意的文字作题材，如云龙、云凤、福禄寿喜、梅兰竹菊、回纹博古、龟背纹地嵌龙凤团花、龟背纹地嵌梅兰、龟背纹地嵌牡丹花和冰纹地嵌梅花等。颜色以古色古香的中浅色为主，根据装裱需要而定，如土红、天青、泥金、古铜、蟹青、墨绿、月白、白色等。

锦绫的花色与花绫相似，也需体现古朴典雅的传统民族风格。纹样有云龙、云凤、缠枝花卉、云纹地暗八仙、勾连菊花纹和龟背纹嵌散花等。颜色有藕色、蓝灰、土黄、宝蓝、深灰、米色和棕色等（表3-3）。

表3-3　绫绢的纹样

纹样名称	纹样介绍	纹样展示
H1926 花绫	纯桑蚕丝单层提花绫，以三分之一经面右斜纹作地纹，三分之一纬面右斜纹显花纹。有时为了增加绸面的光泽度，也用五枚经面缎纹显花纹，生织后练染。主要用于传统书画装裱、古籍线装书的封面、高档装帧、请帖、贺卡、报纸、刊物等	
+H1926 精品花绫	全真丝，白厂丝（学术名）织造。主要用于传统书画装裱、古籍线装书的封面、高档装帧、请帖、贺卡、报纸、刊物等，还可用于热熔胶裱画产品	
+B6101 精品锦绫	桑蚕丝作经线、丝光棉纱作纬线的交织单层提花绫，有突出的色泽和立体感。组织与花绫相同，也是花地组织互为正反四枚斜纹（三分之一斜纹与三分之一斜纹）或花地组织互为正反五枚缎纹（五枚经面缎纹与五枚纬面缎纹），生织后练染。主要用于传统书画装裱、古籍线装书的封面、高档装帧、请帖、贺卡、报纸、刊物等，还可用于热熔胶裱画产品	
H1924 耿绢	纯桑蚕丝平纹素织物，先织后练染。色泽有白色、泥金、土黄、米黄和浅米色等。主要用于传统书画装裱、邮票、报纸、连环画、刊物等，以及古籍线装书的封面、高档装帧、请帖、贺卡等，还可用于热熔胶裱画产品	

纹样名称	纹样介绍	纹样展示
精品耿绢	全真丝，白厂丝织造。主要用于传统书画装裱、邮票、报纸、连环画、刊物等，或者用于古籍线装书的封面、高档装帧、请帖、贺卡等，还可用于热熔胶裱画产品	
仿古绢	全土蚕丝（白厂丝）织造。主要用于临摹古画、书法、绘画，别具一格，还用于手绘墙纸。它是临摹敦煌壁画的首选材料，出口日本用于裱画等	
仿古花绫	全土蚕丝（真丝，白厂丝）织造。主要用于修复古画、文物，还原作品之本来面貌，具有较高的复原性	
板绫	全真丝织造，缎纹组织。主要用于临摹古画、绘画、手绘墙纸，用作古代圣旨等。用于敦煌壁画临摹、创作作品较多	
打印绢	全真丝织造。主要用于打印扫描的古画，具有水性和油性兼容的功效，是做高仿、复制画的首选材料，用于高档会所、大酒店、公司的商务礼品及收藏领域的作品。产品外涂纳米高分子材料时，清晰度高，色彩更稳定，打印在此类绢上的作品跟原画几乎无异	
工艺纺	全真丝织造。主要用于制作风筝、绢扇，可裱画、绘画，可作报纸、连环画、刊物等	
宋锦	此产品以真丝和黏胶丝为主要原材料。先染后织，染前有十几道主要工艺，完成后方可染色，后面还有几道主要工艺，完成后方可织造。由两种经丝混合织造，织造难度非常大。纬向有 3~8 种色，织成的产品色彩丰富，有 5~10 种色彩，根据不同的需求可选择不同的花型、色彩，用于高档册页、锦盒、墙纸、包装纸等	
韩国锦	产品为 45% 涤和 55% 丝棉纱，系 1999 年初从韩国引进的装裱材料，经织造技艺和练染突破后正式投入生产，是新型的装裱材料。主要用于机裱、书画、书封面、证书、装帧等	
G822 金丝绫	有画龙点睛的效果，主要用于书画装裱点缀，增强特色	
H1925 矾绢	产品全真丝织造，由耿绢通过矾处理而成，色泽有白色、泥金、土黄、米黄和浅米色等。用于写字、画工笔画。它是代替宣纸的好材料，但不宜画重彩工笔	
精品矾绢	产品全真丝织造。用于写字、画工笔画，是代替宣纸的好材料，可画重彩工笔画，保存时间比一般矾绢延长百年	
特制矾绢	产品全真丝织造。用于写字、画工笔画，是代替宣纸的好材料，最适宜画重彩工笔，所画作品可保存几百年，是目前最好的矾绢之一	

第六节 作品赏析

　　声誉卓著的湖州双林镇绫绢是我国丝织文化的重要组成部分，其织造技艺一直沿袭至今。丝绸是中华文明的象征和典范，而绫绢则有"丝织工艺之花"的美誉，其用途十分广泛，主要用于代纸作画写字和装裱书画。尤其名贵书画，一经绫绢裱装，在艺术上更显完美，价值提升。书画使用双林绫绢，雍容华贵、古朴文雅、富有情致，能达到悦人目、动人心的艺术效果，给人以完美的艺术享受。现在，绫绢还被用来做民族、戏剧服装，制作宫灯灯罩、风筝、屏风、绢花、绢人等工艺美术产品以及精美的工艺品锦匣和高级楼堂宾馆饭厅的内壁等。图 3-13~ 图 3-20 所示为湖州双林镇绫绢作品。

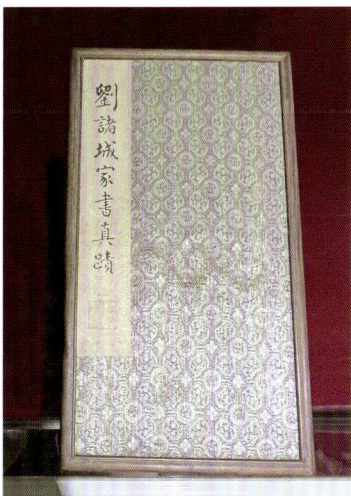

图 3-13　绫绢装裱的家书

图 3-14　绫绢装裱的四大名著

图 3-15　绫绢团扇

图 3-16　绫绢折扇

图 3-17　绫绢册页　　　　图 3-18　绫绢装裱的 2008 年　　　图 3-19　绫绢装裱的 2022 年
　　　　　　　　　　　　　　　　奥运会获奖证书　　　　　　　　　冬奥会获奖证书

图 3-20　绫绢装裱的字画

第七节　传承人专访

　　为进一步深入研究并继承和创新非物质文化遗产双林绫绢织造技艺，笔者深入浙江省湖州市调研，并专访了蚕丝织造技艺（双林绫绢织造技艺）国家级传承人郑小华，以下为此次专访内容。

一、您是如何将这项非遗文化创新的？

　　郑小华：首先，我们应该做好自己该做的绫绢质量上的一些东西，要有足够的产品卖给客户。客户的反馈是我十分在意的一个因素，怎么样让客户认可我们，跟我们一直保持良好的合作关系是十分重要的。因为我们的客户 95% 都是博物馆、博物院和文保单位等，坚守品质一直是我所坚持的一点。我的女儿郑依霏认为在坚守品质的大前提下，要注重文化的传播，她肩上的重任更多的是怎样把双林绫绢织造技艺传播出去。

你们也知道我们南浔还有湖笔制作技艺这一个国家级非遗项目，他比我们好的一点是谁都可以用，小学生也需要写毛笔字，老年人也要写毛笔字。但是绫绢这个东西是有特定受众的，它和我们日常生活的联系不是很紧密。我现在很多时候是希望在保护传统行业的同时，去做一些跟文化产业、旅游产业相关的一些东西，与非遗项目结合起来去做推广，吸引年轻人的目光，我们楼上的展示馆现在装的是古风系的，我希望年轻人愿意穿着汉服来打卡。同时也在设计两款小公仔，并生成一部微动画，模拟绫绢的生产制造过程，让小朋友们也能对这项非遗文化产生一定的兴趣，从而让双林绫绢这项非遗一直传承下去。

这些年我国大力发展文化，包括对于非遗文化的重视、文化产业的带动，对于我们来说也是非常有帮助的。我们厂区三楼现在进行改造的是一个大型体验区，我们会结合研学做非遗项目，还会增加织造、染色等体验项目。我们也会跟古镇的旅游结合起来，包括南浔古镇、双林古镇，还会由教育局牵头和学校合作，开展一些研学的活动。

二、在绫绢的传承和保护过程中，政府有给您一些什么帮助吗？

郑小华：政府对于在保护这类传统企业做了很多努力，但是发展还是得靠自己，政府给的补助资金也好，相关的保护政策也好，都是在企业自身发展良好前提下的锦上添花，只有企业自己积极地发展，才能充分发挥政府政策的优越性。

在文旅相关层面，包括市文旅局、南浔区文旅局，对于非遗企业的保护是非常到位的，给我们提供了很多的学习机会，举办很多活动，也会给我们很多思路和想法，也会划拨一些保护资金，双林镇人民政府也给了我们很多的支持，比如我们进来的路，企业为了做改造提升，自费修路，政府就帮助我们把道路旁边的危房全部拆掉，把路拓宽。政府也会给我们的企业很多媒体宣传渠道，让大家能够更多地了解双林绫绢的文化。

三、您在传承的过程中遇到过什么困难吗？

郑小华：困难一定是有的，比如有时候去给别人上课或者做推荐，别人难以理解，我们就要做很多功课。在早些年的时候，大众认为我们的绢定价有些高，既然如此为什么不用日本绢？但这些年开始有所转变了，开始用我们自己生产的绢，而且反馈说一点儿也不比日本绢差。这也是民族自信的一种表现。对我来说还有一个困难，在市场经济的冲击下，很多人都陆陆续续地转型，生产文创产品，比如丝巾、眼罩等，这些我脑子里想都没想过。在文创产品的研发上，确实也是一个比较困难的点，我们与设计公司进行合作，前期需要很多投入。但是考虑到绫绢长远的发展，这些投入也都是值得的。

第八节 传承现状与对策

一、传承现状与问题

近年来，双林镇高度重视绫绢传统织造技艺的传承和保护，从生产到工艺制品，从绫绢厂的负责人到绫绢生产的老师傅再到绫绢产品的推荐者，双林镇乡贤们全力做好"打响牌子与做强企业、政府推动与企业互动、创新转型与融合发展"三篇"文章"，让双林绫绢借助现代文化创意，走向百姓日常生活，使这项千年传统工艺焕发新的光彩。同时，积极推动校企合作，将绫绢织造企业作为小学、幼儿园的校外科学文化实践基地，并借助文化体验活动，寓教于乐地传承绫绢织造技艺。但是，双林绫绢的传承也面临着一些挑战和机遇。

1. 传统工艺的传承

双林绫绢的制作工艺需要经过长期的学习和实践，而随着现代工业的发展，年轻一代对于传统手工艺的兴趣逐渐减弱，许多年轻人更倾向于选择更现代化的职业，导致传承人才的匮乏，使传统手工艺的传承面临困难。因此，如何吸引年轻一代对双林绫绢进行传承成了一个重要的问题。

2. 市场需求

随着人们生活水平的提高，对于高品质、具有文化内涵的产品的需求也在增加。双林绫绢作为中国传统手工艺品，具有独特的文化价值和审美特点，因此在市场上仍然具有一定的需求。但是如何适应现代市场的需求，在市场上保持竞争力也是未来需要思考的问题。

3. 技艺保护

双林绫绢的制作工艺需要严格的保护和传承，但由于缺乏有效的保护措施，一些制作工艺可能面临失传的风险。如何有效保护双林绫绢的制作工艺也是一个亟待解决的问题。

4. 创新与发展

为了适应现代市场的需求，双林绫绢的传承需要与时俱进，注入新的设计理念和创新元素，使其更好地融入现代生活，开发出更多适应当代审美的产品。因此，如何在保持传统特色的同时进行创新，是一个需要认真思考的问题。

5. 政策支持

政府对于传统文化的保护和传承也起着至关重要的作用，通过出台相关政策和资金支持，可以促进双林绫绢传统工艺的传承和发展。

综上所述，双林绫绢的传承现状面临挑战，但也有发展的机遇。解决这些问题需要政府、企业和社会各界的共同努力，通过加强教育培训、挖掘市场潜力、加强保护措施，通过吸引年轻一代的参与、满足市场需求、创新发展以及政策支持，才能有效推动双林绫绢传统工艺的传承和发展。

二、传承对策

双林绫绢的传承对策可以从多个方面入手，以促进这一传统手工艺的传承和发展。

1. 做好技艺保护与传承

首先要建立起双林绫绢织造技艺的保护制度，包括专利保护、非物质文化遗产保护等，还要加强对双林绫绢织造技艺的保护力度，防止技艺流失和侵权行为。其次要加强对双林绫绢制作工艺的教育培训，设立相关专业课程和培训班，吸引更多年轻人参与学习和传承。同时，可以建立双林绫绢传统工艺的学习基地，提供实践机会和传授传统技艺。

2. 做好产品创新和市场推广

首先要鼓励设计师和艺术家结合现代审美和市场需求，进行双林绫绢产品的创新设计，开发出更具时代特色的作品，以吸引更广泛的受众群体。其次要加强双林绫绢产品的市场推广工作，通过参加展会、举办展览、开展线上销售等方式，提升产品知名度和市场占有率，拓展销售渠道，增加产品的曝光度。

3. 政策支持

政府可以出台相关政策，对双林绫绢传统工艺进行扶持和保护，包括资金支持、税收优惠、展览补贴等，以促进双林绫绢的传承和发展。与此同时，政府还需加强双林绫绢与其他文化的交流与合作，推动双林绫绢在国际舞台上的传播，提升其国际知名度和影响力。

综上所述，双林绫绢的传承需要从教育培训、创新设计、市场推广、技艺保护、政策支持和文化交流等多个方面综合考虑，通过多方合力，才能有效推动双林绫绢传统工艺的传承和发展。

第四章

蓝印花布印染技艺

蓝印花布是桐乡著名的民间传统工艺品，源远流长。蓝印花布色彩清丽、质朴淡雅，广泛应用于各处场景，深受人们喜爱。2006年，"桐乡蓝印花布"被列入首批浙江省非物质文化遗产名录。2014年浙江省桐乡市"蓝印花布印染技艺"入选国家非物质文化遗产第四批保护名录，名录类别为传统技艺类（表4-1）。2008年1月，周继明先生被浙江省文化厅认定为第一批浙江省非物质文化遗产"桐乡蓝印花布"代表性传承人（图4-1）。2018年5月，周继明先生被中华人民共和国文化和旅游部认定为国家级非物质文化遗产代表性项目"蓝印花布印染技艺"代表性传承人（图4-2）。

表4-1　蓝印花布印染技艺项目简介

名录名称	蓝印花布印染技艺
名录类别	传统技艺
名录级别	国家级
申报单位或地区	浙江省桐乡市
传承代表人	周继明

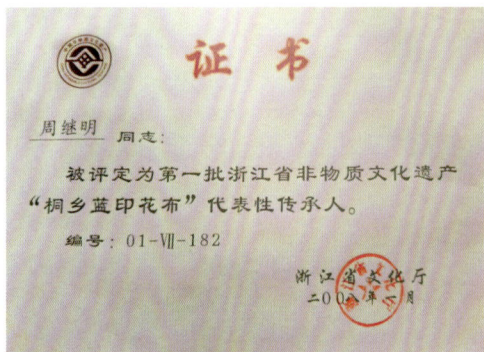

图4-1　省级代表性传承人证书

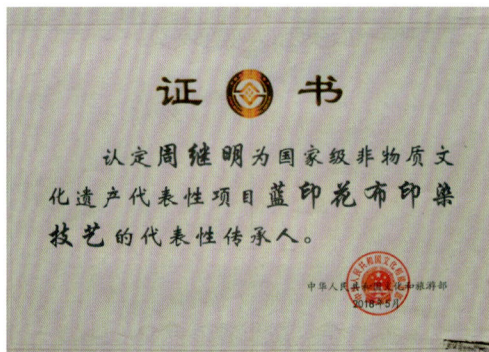

图4-2　国家级代表性传承人证书

浙江省纺织类经典非物质文化遗产

第一节　起源与发展

蓝印花布印染技艺的具体起源时间已无从考证，它是一个逐渐丰富发展的过程。在秦汉时期，织物上印上花纹的面料叫作"缬"，这是现在蓝印花布的雏形。在唐代，印染技艺进一步发展，民间的蓝印夹缬因为受到朝廷的喜爱而从民间进入了宫廷，蓝印夹缬逐渐发展成为彩色夹缬，工艺十分精美。在北宋末年南宋建立之际，不少能工巧匠遍布江南地区，江南地区手工业发达，制作技艺在江南民间迅速流传，景象繁荣。来自民间的蓝印夹缬在这次变化中获得了发展，蓝印夹缬的品种也随之丰富。到明清时期，已经出现了官营染坊，"青花大布"成为国家赋税的实物形式，在民间出现了一系列手工染坊。

在宋代蓝印花布被称为"药斑布"，在明清被称为"浇花布"。蓝印花布受到了普通百姓的喜爱，在日常生活的很多方面都能看到蓝印花布的踪迹，在民国时期也出现了服饰等蓝印花布产品。中华人民共和国成立之后，百姓生活逐渐安定下来，蓝印花布迎来了恢复时期，从事蓝印花布工作的手工艺人很多，生意兴隆，工人的报酬也很丰厚。桐乡属于太湖流域，水资源丰富，适宜种植棉花，这为蓝印花布的生产提供了优越的自然条件。在1956年之前桐乡地区就有十几家蓝印花布作坊，在1956年之后变成手工业合作社，现在的蓝印花布厂就是由几个作坊合并起来的。1978年我国实行改革开放，蓝印花布步入一段高速发展时期，工厂规模扩大，蓝印花布产品畅销海内外。随着人们对日常生活用品的要求不断提高，简单的图案设计不能满足人们的审美需求，手工艺人大胆创新，不断丰富纹样图案，蓝印花布印染技艺在时代的变迁中不断革新与传承，生命力不断壮大。

此次以周继明先生为调研对象，表4-2是周继明先生所获部分荣誉一览表。

表4-2　周继明先生所获部分荣誉一览表

时间	奖项说明	颁奖单位	证书展示
1994 年 10 月	《蓝印花布》七件入选中国民间艺术一绝大展	中华人民共和国文化部	
2002 年 12 月 30 日	周继明先生被评定为桐乡市民间工艺美术大师	桐乡市民间技术职称评审委员会	
2008 年 6 月	周继明同志被评定为嘉兴市民间艺术家	嘉兴市人民政府	
2010 年 6 月 18 日	"富贵平安"壁挂入选由农业部、文化部、中国文学艺术界联合会共同举办的中国农民艺术节·中国传统艺术与工艺礼品展	中国农民艺术节组委会	

时间	奖项说明	颁奖单位	证书展示
2017 年 6 月	桐乡蓝印花布（团团圆圆桌布）参加了由文化部、香港特区政府民政事务局主办，浙江省文化厅、香港特区政府康乐及文化事务署承办的"根与魂—忆江南·浙江省非物质文化遗产展"	浙江省非物质文化遗产保护中心	
2020 年 11 月	蓝印花布印染技艺入选了由浙江省文化和旅游厅主办，在杭州举办的"世界看见·诗画浙江"海外推广文旅金名片展示周	浙江省文化和旅游厅	

第二节　风俗趣事

一、蓝印花布的传说

　　传说中有个姓梅的先生不小心摔在了泥地里，衣服变成了黄颜色，无法洗掉，人们看到后却很喜欢，梅先生把这件事告诉了一个姓葛的好朋友。后来梅葛两位先生就专门把布染成黄色。又有一次很偶然的机会，布晾在树枝上晒干时不小心被风吹到了地上，地上正好有一堆蓼蓝草，也就是现在所说的板蓝根草，它里面有一种成分叫靛蓝，可以把布染成蓝色，等他们发现这块布的时候，黄布已变成了一块花布。"青一块、蓝一块"，他们想这奥秘肯定在这个草上，此后两人又经过多次研究，终于把布染成了蓝布，梅葛两位先生也就成了蓝印花布的祖师爷。

二、蓝印花布的民俗文化

　　蓝印花布对传统礼俗下的婚姻产生了重要影响。在我国古代封建礼教思想的影响下，很多男女双方在结婚之前并没有见过面，而蓝印花布在双方的沟通过程中起到了桥梁的作用，通过蓝印花布表达情感。以前，女儿出嫁时一定要带上母亲早已准备好的一条用靛蓝布做成的饭单，这样的习俗是显示女儿嫁到男家后"上得厅堂，下得厨房"的治家理政能力。姑娘出嫁时的衣被箱里必定会有一两条蓝印花布被面，大都是龙凤呈祥、凤戏牡丹图案的"龙凤被"，称为"压箱布"。这些蓝印花布产品承载了对未来美好生活的盼望。由此可见，在当时蓝印花布是老百姓生活中必不可少的物品。

三、周继明先生与蓝印花布结缘

周继明先生与蓝印花布之间存在着一段深厚而独特的不解之缘。幼时患麻疹的周继明先生在一张挂着印花麻布蚊帐的床上休息，与妈妈交谈得知这是拷花布的麻布蚊帐。麻疹痊愈之后周继明先生的心中留下了拷花蚊帐的印记。长大后，镇上的工艺印染合作社开始招工，这让周继明先生非常开心，他通过了文化课的考核，最终被录取了。于是，周继明先生与蓝印花布的故事正式开始。在进入染坊之后，周继明先生学习如何拷花、纸版裱糊，并报考浙江广播电视大学进行三年学习。经过长时间的实践，周继明先生逐渐掌握了传统蓝印花布生产的工艺流程，并且对于蓝印花布印染技艺也有了自己的一番理解。1985 年底，周继明先生担任了桐乡工艺印染厂厂长。在后来的几十年中，周继明先生与不同的老师交流学习，不断进行工艺创新，进一步推动了蓝印花布的传承与发展。

第三节　制作材料与工具

蓝印花布印染技艺用到的制作材料与工具主要有蓝草、蓝靛、蓝印花布防染浆和刻刀等。

一、蓝草

由蓝草植物制作成的蓝靛是蓝印花布染色的主要染料。蓝草具有悠久的历史，已有 2000 多年，并且种类很多，包括马兰、木兰、芥蓝、蓼蓝等（图 4-3）。蓝草对气候条件的要求比较特殊，不能有很强烈的太阳光照，对气温要求高，20 摄氏度左右是比较适宜的。根据实地条件的不同需要选择不同的蓝草种类，蓼蓝多为平原地区所选择，而马兰一般出现在浙江山区。蓝草有开花和不开花两种情况，马兰是会开花的。蓝草的根是著名的中药材板蓝根，可用作冲剂，蓝草的果实为中药蓝实，它们均有杀菌消炎、清热解毒的药效，可以用于防治流感等传染疾病。

图 4-3　蓝草

二、蓝靛

蓝靛（图 4-4）是蓝印花布印染过程中的主要染料，由蓝靛染成的蓝印花布拥有保存时间长、质感好、不易褪色等优点。蓝靛的制作过程如下。

首先需要对装蓝草的石坑或水泥窖进行清洗，随后用清水将池子灌满，将事先采摘好的蓝草倒入靛池中浸泡，浸泡时间为四五天，让蓝草中的色素充分溶解到水中，水会变成蓝色。接着将蓝草枝叶打捞出来，并在池子中倒入适量的石灰粉，充分搅拌后静置。经过一段时间后，能够进行水靛分离，将池子上层的废水捞出倒掉，剩下的部分多次去除杂质继续沉淀，直到形成蓝靛为止。蓝靛的外观类似于泥土，也被称为"土靛"。保存蓝靛时，将其放置于注满水的石坑或水泥窖中，浸泡在水中与空气隔绝，保持封闭状态以防止氧化，当需要使用蓝靛时，可以从石坑或水泥窖中取出。

蓝靛除可以作为蓝印花布的染料外，还具有医用价值。蓝靛具有性凉的特性，可以发挥中药材的功能。人们将蓝靛放置在布上，将其敷在身体的相关部位上，敷用蓝靛的时间一般为 3 天左右，敷用时间不宜过长。在这个过程中，蓝靛与皮肤发生作用，让人体吸收其中的有益成分。蓝靛具有退热、镇痛、消炎等功效。

图 4-4　蓝靛

三、蓝印花布防染浆

黄豆粉和石灰是制作蓝印花布印花防染浆的主要原料。蓝印花布防染浆在不同的

浙江省纺织类经典非物质文化遗产

季节下有不同的配比，一般情况下黄豆粉与石灰的配比为 3 : 7，调浆时黏稠度要适中。通过合适的黄豆粉和石灰配比，可以调整印花防染浆的黏度和干燥速度，提高蓝印花布的印花质量和耐久性，从而满足不同季节的需求。为了确保印花防染浆的质量和效果，应该选用经过处理后的细腻的黄豆粉和石灰粉（图 4-5、图 4-6）。

图 4-5　黄豆粉

图 4-6　石灰粉

四、刻刀

蓝印花布的制作工具比较简单，主要是刻刀。刻刀分为斜口单刀、双刀和圆口刀三种类型。

第四节　制作工艺与技法

桐乡蓝印花布的制作工艺如图 4-7 所示，主要有以下几步：

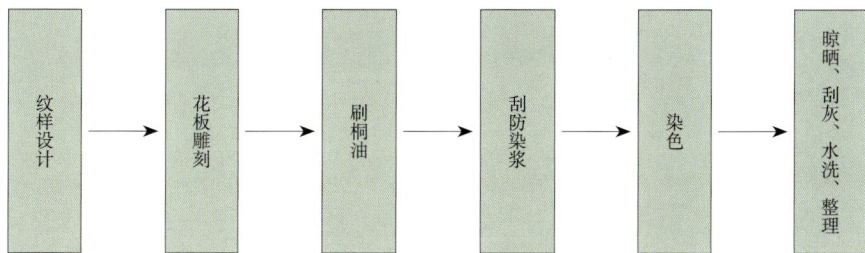

| 纹样设计 | → | 花板雕刻 | → | 刷桐油 | → | 刮防染浆 | → | 染色 | → | 晾晒、刮灰、水洗、整理 |

图 4-7　蓝印花布制作工艺

一、纹样设计

纹样设计是整个蓝印花布印染技艺中比较重要的环节，只有将纹样设计完成之后，才能进行后续工艺。蓝印花布深深根植于中国悠久的农耕文化中，纹样的取材涉及花卉植物、动物、建筑景观等多个方面。不同的纹样蕴含着不同的寓意，它们反映了不同的文化特点和审美观念。随着历史环境的改变，纹样的设计也在不断演变和丰富。在保留了传统纹样的基础上，蓝印花布的纹样受到社会、经济、文化等因素的影响，呈现出了一种与时俱进的态势。图4-8展示了蓝印花布中的一些纹样。

二、花板雕刻

花板雕刻是一种将事先设计好的特定纹样通过使用雕刻工具刻在花板上的技术，从而形成蓝印花布图案。在花板雕刻的过程中，尽管现在有雕刻机，使用雕刻机能够提高工作效率，但有些雕刻机的雕刻效果并不理想。相比之下，手工雕刻更加精细，效果更好。在手工雕刻的过程中，需要注意掌握雕刻的力度和正确握刻刀的方法。雕刻的力度应该适中，不能过重或过轻，而且在手持刻刀时应该掌握好角度，确保刻板上所形成的花纹一致。刻刀应该能够将整个纸张刻穿，雕刻部分自然完整地脱落。在进行花板雕刻这一阶段，通常将第一张雕刻好的花板称为"母板"，然后需要复制新的花板，这个过程就叫作"替板"。通过替板，可以制作出多份一样的花板，以便进行后续的加工和应用。图4-9所示为老师在进行花板雕刻。

图 4-8　蓝印花布的各种纹样　　　　　　图 4-9　雕刻花板

三、刷桐油

雕刻好的花板不能立即使用，需要刷上桐油。桐油具有防酸、防腐、防水等优良特征，因此，早在南宋时期，就有不少手工艺人选择使用桐油来提高花板的耐用性。有两种刷油方式可供选择。第一种是先涂抹一层生桐油，待其干燥后再涂一层熟桐油。第二种方法是直接涂抹熟桐油，这种方法相对更简单，省去了涂抹生桐油的过程。刷油方式可以根据制作蓝印花布的时间周期来决定。在刷油的过程中，需要注意控制油量适中，过厚的油层可能会导致花板表面黏腻，过薄的油层则会减弱桐油的保护效果，无法充分发挥其优良特性。刷完桐油后，花板需要晒干才能正常使用。刷过桐油的花板与不经过桐油处理的花板相比，具有更高的抗湿性和抗腐蚀性以及较高的韧性和抗磨损能力，不易出现开裂和变形现象。这些特点使得经过桐油处理的花板耐用性增强，并能保持稳定和美观。图4-10是刷桐油。

图 4-10　刷桐油

四、刮防染浆

刮防染浆的过程也被称为"拷花"，是为了防止蓝印花布的纹样被破坏。黄豆粉和石灰粉是其重要原料。先将挑选好的布料平整地放置在桌面上，然后一只手压住花板，另一只手用刮刀将防染浆通过镂空的花板刮到布料上，刮浆时注意力道适中，用力均匀，如此反复刮三次。将防染浆刮完之后，要将花板立即拿起，防止花板和面料之间的粘连，减少对纹样的破坏。刚印好的面料不能随意挪动，如果随意挪动，可能会导致纹样失真，质量会受到影响。晾晒面料的过程需要注意，不能在阳光下暴晒，晾晒时间可以控制在3~5天。待面料充分干燥之后，防染浆充分印在布料上才能进行下一道染色工艺。图4-11、图4-12展示了刮防染浆和晾晒布料的过程。

图 4-11　刮防染浆　　　　图 4-12　晾晒布料

075

五、染色

染色是蓝印花布印染技艺中最关键的环节之一，在这项工艺中，必不可缺的工具就是染缸。染缸数量主要是根据工厂规模的大小相应设置。一般来说，染缸之间是呈并列状态的，前几个染缸中的染液颜色较浅，后几个染缸中的染液颜色逐渐变深。蓝印花布需要经过几次入缸染色和出缸氧化才能完成此道工序，获得理想的染色效果。根据染色要求的不同决定浸染次数的多少，如果需要颜色深就需要在多一点浸染次数，如果需要颜色浅可以减少入缸出缸的次数。

染色步骤：首先将晾晒好的布料缠绕到菱形支架上，菱形支架呈现六边形，内部有不少铁钩，这些铁钩用来固定布料，防止布料粘连在一起。其次将上好布的菱形支架放在染缸中，反复翻转，均匀上色。一般来说，染布进染缸里面需 5~10 分钟，氧化也是同样时间。氧化主要是为了让色素充分固着在布料上，改变布料色彩，但是浸染时间的长短根据布的薄厚程度会略有不同。经过染色工艺之后，蓝印花布无论是风吹还是日晒，都能够很好地保持色彩，不易脱色。图 4-13~图 4-15 展示了菱形支架、染缸和染色的过程。

六、晾晒、刮灰、水洗、整理

晾晒刮灰水洗整理是制作蓝印花布的最后一个流程。染色结束后，需要将菱形支架从染缸中取出，将其放置在能够晾晒的环境中，以便将布料晾干。为了保证布料能够充分吸收颜色，当天气晴朗时，手工艺人们会将布料取下来，把布料放到高高的架子上晾晒。这样可以确保布料的颜色在晾晒的过程中得到巩固。接下来的一个重要步骤是刮灰，此时布料表面仍有防染浆的残留。为了去除这些痕迹，手工艺人们可以采取两种方法：第一种办法是两个人合作，拉住布料进行抖动，通过抖动的力量将大部分的防染浆震落；第二种办法是一个人拉住布料的一端，另一端固定好，用刮灰刀将残留的防染浆轻轻刮掉。这一步需要掌握

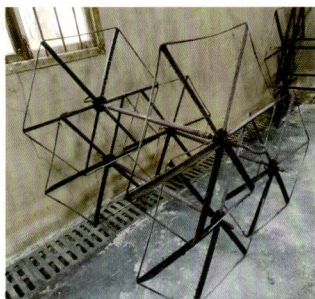

图 4-13　菱形支架

图 4-14　染缸

图 4-15　布料染色

力度，以免损坏布料。最后将处理好的布料放入清水中进行反复淘洗。通过淘洗可以彻底去除布料表面的防染浆和其他杂质，使布料更加干净和柔软。淘洗时间和次数需要根据具体情况进行调整。洗净后，手工艺人们会将布料进行整理，使其平整，以避免褶皱的出现。将整理好的布料放在晒布器上晾晒，使蓝印花布干燥而光滑。图4-16显示了晾晒布料的高架子。

图 4-16　晾晒的高架子

第五节　工艺特征与纹样

一、蓝印花布的特征

1. 题材多样

从蓝印花布的纹样和图案上能看出这些均来自日常生活。蓝印花布纹样的主要内容是花卉、动物、人物等。传统的蓝印花布纹样题材包含了中国伦理道德、百姓行为等内容。但随着时代的不断发展，题材的选择越来越丰富多彩，涉及一些新颖的题材，为蓝印花布注入了新的血液。传统的题材承载着中国悠久的历史文化，而现代的题材则呈现了中国的时代面貌。

2. 色彩质朴淡雅

蓝印花布的两种主要形式是白底蓝花和蓝底白花，在色彩呈现上给人一种清新淡雅的感觉，这两种搭配方式能表达出不同的效果。蓝印花布的染料是由蓝草制作成的蓝靛，在该染料的浸染下不会轻易褪色，在多次洗涤过后仍能保持色彩的稳定。蓝印花布是江南一带的产品，带有浓浓的水乡特色，传达了一种宁静、舒适、生机勃勃的感觉。

3. 图案寓意美好

蓝印花布产生于中国悠久的历史文化之中，蓝印花布制成的服饰、桌布等，是古时人们生活中的必需品。蓝印花布的纹样图案诸多，各种图案都有着自身独特的寓意。例如：凤凰寓意着吉祥和好运，同时也是身份地位的象征，代表着至高无上的权利。牡丹象征着典雅高贵和富贵吉祥，代表着希望对方能够事业顺利的美好期盼。

二、蓝印花布的纹样

蓝印花布作为桐乡民间传统工艺品，它的图案和纹样的设计充分体现了中国悠久的农耕文化。通过观察蓝印花布产品，能够看出蓝印花布的纹样主要集中在以下几个方面。

1. 花卉植物类

花卉植物类是蓝印花布中常见的图案元素之一。在蓝印花布中不难看到诸如梅、兰、竹、菊等花卉图案。不同的花卉植物有着不同的寓意，例如：梅花寓意着坚韧不拔、自强不息的精神品质和盼望着吉祥如意的美好向往；兰花寓意着真挚的友情、出众的才华及优雅的气质；竹寓意着坚韧、强韧、虚怀和谦逊；菊花象征着坚强不屈的精神和对逝去亲人的想念。图 4-17 是蓝印花布的一些花卉类纹样。

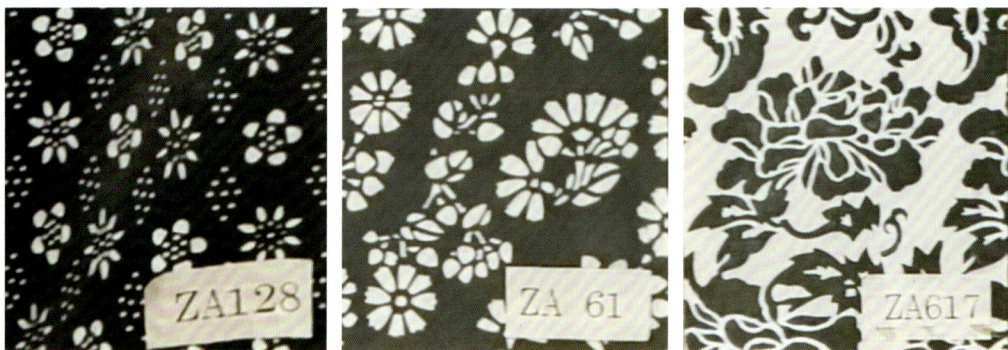

图 4-17　花卉类纹样

2. 动物类

动物类也是蓝印花布常用的图案元素之一。在蓝印花布上通常可以看到喜鹊、仙鹤、老虎、狮子等动物图案。不同的动物图案有着不同的寓意，比如：喜鹊被当作是好运和福气的象征，寓意着吉祥如意、喜事连连的美好愿景；老虎象征着威严权势和勇敢无畏。图 4-18 是蓝印花布的一些动物类纹样。

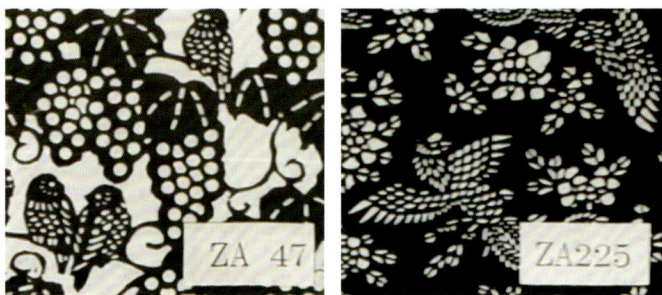

图 4-18　动物类纹样

3. 人物类

除了花卉和动物，人物也是蓝印花布常用的图案元素之一。在蓝印花布中常可以见到寿星、菩萨、门神、麒麟送子等人物图案。在不同的场景下往往需要不同的人物图案，也表达着人们对历史的敬重。例如：菩萨象征着大慈大悲、实践、智慧和愿力，不同的菩萨也有着不同的寓意；门神寓意着对家庭平安、幸福生活的追求与祈愿。图4-19是蓝印花布的一种人物类纹样。

图 4-19　人物类纹样

4. 其他类

此外，蓝印花布中还包含一些其他类型的图案，如器物、建筑、几何图形等。不同的器物和建筑代表着人们不同的愿景和生活态度，几何图案则丰富了蓝印花布的纹样组成，表达着人们对几何美、对称美的追求。图4-20是蓝印花布一些其他类型的纹样。

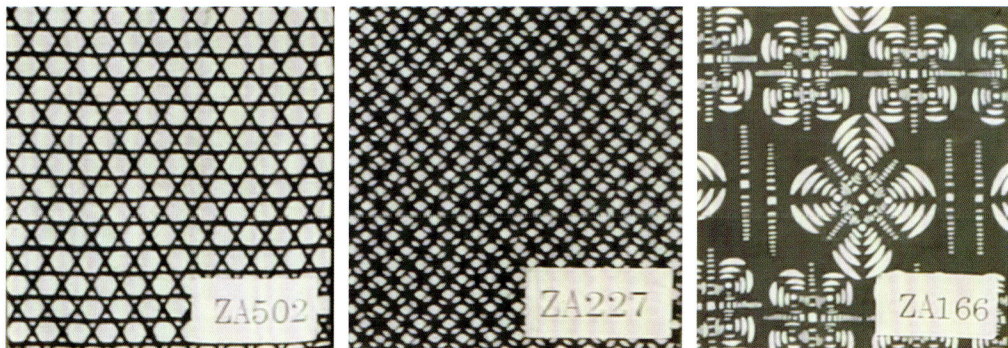

图 4-20　其他类型纹样

第六节　作品赏析

蓝印花布具有悠久的历史，从古至今，被广泛应用在人们的生活中。蓝印花布有诸多用途，可以用来做男女的服饰，如旗袍、上衣、帽子等，也可以用来制成文创产品，如小折扇、小装饰品等，还可以做成桌布、门帘等装饰品。蓝印花布彰显了传统文化的底蕴和特色，在传统节日和各种文化活动中也经常看到蓝印花布的身影。图4-21~图4-29所示为部分蓝印花布产品。

图 4-21　清明上河图（局部）

图 4-22 蓝印花布扇子

图 4-23 蓝印花布包

图 4-24 蓝印花布鞋子

图 4-25 蓝印花布装饰品

图 4-26 蓝印花布门帘

图 4-27 蓝印花布服饰

图 4-28 蓝印花布屏风

图 4-29 蓝印花布桌布

第七节　传承人专访

为进一步深入研究并继承和创新非物质文化遗产蓝印花布印染技艺，笔者深入浙江省桐乡市调研，并专访了蓝印花布印染技艺国家级传承人周继明，以下为此次专访的内容。

一、我们了解到蓝印花布之前的出口是比较多的，请问蓝印花布为什么能大量出口？

周继明：1978 年中国实行改革开放，桐乡蓝印花布于 1979 年开始对外出口。主要原因如下：首先，地理位置优越，桐乡属于沿海地区，距离上海的距离比较近，对外开放程度比其他内陆地区高，外宾和外贸公司等会来到桐乡考察蓝印花布。其次，日本的文化和中国文化是相通的，二者都属于东方文化，有相似的审美，便于对日本出口。

二、桐乡蓝印花布与南通蓝印花布有哪些区别？

周继明：无论是桐乡的蓝印花布还是南通的蓝印花布都是蓝印花布的组成部分，具有蓝印花布的共性。南通做得比较好的是王振兴，他的三个儿子都在做蓝印花布，目前还都比较年轻，精力充沛，可以做蓝印花布的继承人，所以南通蓝印花布的传承状况比桐乡蓝印花布好些。

三、您收徒弟的时候有什么要求吗？

周继明：在收徒弟时，要求有一技之长，并且要真正热爱蓝印花布技艺。首先，徒弟需要有思想。蓝印花布在进行图案设计、制作成品时需要有想法，还需要认识到蓝印花布的产品可以用来做什么。其次要求擅长与人交流。从传承蓝印花布技艺来说，一方面是设计和生产，另一方面是将蓝印花布宣传出去，并将相关信息及时反馈回来，更好地进行蓝印花布产品的再设计。如果徒弟热爱蓝印花布，想要去闯出一番天地，当他面临一些困难时，可以去帮助他，在经济上提供部分支持等，让蓝印花布技艺更好地传承下去，多一分力量进行传承。

四、您认为蓝印花布传承受阻的原因有哪些？

周继明：桐乡蓝印花布曾在民间深受百姓的欢迎，但现如今发展得不好，主要原因如下：一是蓝印花布这项非物质文化遗产，它并不是大机器流水线作业，它是手工生产的，生产效率低下，在竞争中处于劣势。二是蓝印花布手工艺传承受限。能够熟练掌握蓝印花布全套工艺的人年龄普遍偏大，整体人数不多，而且蓝印花布的经济效益不是很好，年轻一代很大程度上会因为经济压力而不选择去传承蓝印花布技艺。

五、您如何进行蓝印花布技艺的传承？

周继明：可以通过开设蓝印花布艺术馆、蓝印花布一条街，举办各种与蓝印花布印染技艺相关的技能大赛等方式进行蓝印花布技艺的传承。通过开设艺术馆提供了一个保护蓝印花布技艺的平台，艺术馆里边放有以前老百姓穿的蓝印花布衣服，介绍蓝印花布的起源、制作流程等，让来访者更加立体地感受到蓝印花布背后的文化底蕴，增加艺术馆的趣味性，激发来访者参观艺术馆的兴趣。来访者通过这个平台可以感受到蓝印花布的过去、现在和未来。尽管现在不少商店里也在售卖蓝印花布产品，但仅仅是最终的蓝印花布产品，顾客买单的也仅仅是商品，并没有感受到蓝印花布产品背后所蕴含的文化底蕴。通过开设蓝印花布艺术馆还可以增加经济收入，进而提高员工的薪资水平，激发员工的积极性、主动性，更好地进行蓝印花布技艺的传承。开设蓝印花布艺术馆与传承蓝印花布技艺二者相辅相成。在开展和蓝印花布相关的大赛方面，鼓励有热情的年轻人积极参加，对参赛并获奖的参赛者提供经济奖励，并展示蓝印花布的好的设计作品。

六、政府对蓝印花布提供了哪些支持？

周继明：政府也很重视非遗的传承，重视培养本地区的文化氛围。在桐乡蓝印花布最开始出口时叫中国蓝印花布，不止一个地方有蓝印花布，后来打出地域特色，名称变为桐乡蓝印花布。2000年我写了一个要求保护蓝印花布的申请报告。2001年，浙江省首批工艺美术保护品种一共15种，蓝印花布就是其中之一。2006年，桐乡蓝印花布入选了浙江省非物质文化遗产保护项目名录，2008年我被评为第一批浙江省非遗代表性传承人，2018年被评为国家级的非遗代表性传承人。从上述措施可以看出，政府在支持蓝印花布这项非遗的传承上付出了很大努力。

七、您认为年轻人在传承蓝印花布过程中存在哪些优势以及如何留住年轻人？

周继明：首先，年轻人的一大优势是思路比较开阔，精力旺盛，对蓝印花布的理解可能会更加深刻，可以鼓励年轻人进行设计创造。其次，对于年轻人来说，要有经济收入，给年轻人发放工资薪酬时需要考虑当前经济社会的平均发展水平。

八、您认为什么能够吸引到消费者去购买蓝印花布产品？

周继明：消费者进行消费时考虑的是：产品的文化品位要高，做工要好，具有实用性，既有历史年代又有现实的文化含义，蓝印花布基于此需要守正创新。

九、做蓝印花布产品时面料和染色方面有什么要求？

周继明：蓝印花布的面料需要是全棉、全麻或麻棉的，丝绸并不适合做蓝印花布的材料。如果用丝绸做材料，丝绸本身是有光泽的，染色之后光泽会消失。蓝印花布染色时染液需要呈碱性。

十、现在也有很多机器生产的蓝印花布纹样图案，您认为它们和手工生产的蓝印花布有什么区别？

周继明：蓝印花布的纹样都是有特定含义的。比如凤彩牡丹、龙凤呈祥、团团圆圆，都代表了吉祥如意。现在很多机器做的纹样，图案并不是不好，但是机器做出来的图案文化底蕴不足。例如，我们所熟知的是梅兰竹菊，这是中国传统文化，但在机器进行制作时，可能会出现梅兰竹、兰竹菊的搭配情况，从外形来看它是好看的，但从传统文化、传统技艺角度来说，不太正宗，不利于传统文化和传统技艺的传承。

十一、您在蓝印花布传承方面有什么想法？

周继明：首先，要把蓝印花布的传统印染技艺保存下来；其次，要成立一个保护基地，这个基地也是一个平台，展示的平台，创新的平台，参观者不光可以看到蓝印花布的历史，还能看到现在的技艺和产品；最后，要有一个实习基地，在学校方面开设专门的课程，实习基地则为学生提供体验蓝印花布的平台。

第八节　传承现状与对策

一、传承现状与问题

桐乡蓝印花布具有厚重的文化底蕴，带有浓浓江南水乡的特色。传承人周继明先生说道："蓝印花布印染技艺是非物质文化遗产，这个技艺需要保护下来，同时蓝印花布制作是一个很辛苦的、很传统的技艺，如果我们再不进行保护，可能后辈对蓝印花布的保护力度会更少，对蓝印花布的了解更少。我作为非遗传承人，有责任有义务把蓝印花布印染技艺保护下来，将原汁原味的技艺传承下去。"目前，政府越来越注重对非物质文化遗产的保护，对蓝印花布提供一些法律支持和财政支持，传承人也在不断努力，鼓励学生进行参观，亲自动手体验蓝印花布产品的制作过程等，取得了很大成果，但蓝印花布印染技艺的传承与发展仍面临一些问题和挑战。

1. 从事人员少

目前，从事蓝印花印染技艺的手工艺人总体来说人数较少。熟练掌握蓝印花布技艺的人主要是老年人，他们在多年的学习和实践中掌握了这一传统技艺。然而，随着时间的推移，老手工艺人的年龄逐渐增长。与此同时，虽然年轻一代对蓝印花布的兴趣和热情也在逐渐提高，但能够传承该项技艺的年轻手工艺人的数量相对较少。蓝印花布印染技艺需要较长的学习周期和丰富的实践经验，对于年轻人来说时间和精力的投入较大。快节奏的生活使得人们更倾向于选择更便捷和更高效的生产方式，不愿意花费大量时间去学习和从事手工艺品的制作，这导致了蓝印花布印染技艺传承人才的不足，给技艺的传承带来了一定的压力。另外，蓝印花布印染技艺的经济回报相对来说不高，这进一步降低了年轻人学习和传承该项技艺的积极性。

2. 市场需求少

蓝印花布的消费市场多为老年群体，它是老一辈人的记忆。在前些年，蓝印花布产品畅销国内外，深受人们喜欢，但近些年，蓝印花布产品的售卖远不如从前，销量下降。桐乡蓝印花布主要有蓝底白花和白底蓝花两种形式，但现在不少人会更倾向于选择色彩丰富、新潮、能调动人们感官的产品，故现存的蓝印花布市场需求少。缺少需求刺激，产品售卖不出去，从业人员得不到经济收入，不少传统手工艺人基本的生存需要都得不到满足，只能转业，因此产品的生产也会受到影响，生产的积极性下降，阻碍技艺的传承。

二、传承对策

1. 要加强创新

任何传统技艺都需要随时代潮流加以创新，不进行创新，只能慢慢被抛弃，只有找到了市场需求，将生产出来的产品卖出去，该项产品的生产才是有价值、有意义的。经过了长时间的发展，像龙凤呈祥、团团圆圆等具有美好寓意的图案为人民群众喜闻乐见。对于传统文化中的精髓我们要加以传承，创新的部分是要符合当代人的审美需求，所以桐乡蓝印花布在创新方面，要在不失本身文化韵味的基础上，让图案中的纹样和设计多样化，兼顾不同年龄阶段人群的审美需求，拓宽蓝印花布的受众群体。结合当下的时代热点，加强与时代的联系，创新设计理念，开发相应的文创产品，结合旅游产业进一步宣传蓝印花布。

2. 要加强人才队伍建设

目前，从事桐乡蓝印花布印染技艺的人员不多，需要广纳英才。一方面，传承人技艺水平是传承蓝印花布的坚实基础，传承人需要不断提升自身技艺水平，对蓝印花布的传承与发展有着自身独特的认识，当有意愿学习蓝印花布印染技艺的来访者来学习时，可以通过一对一的讲授培训、举办知识讲座等方式传授知识，同时让学习者加强自身实践能力。另一方面，可以通过"非遗进校园"、学生社会生活实践等方式，让蓝印花布进入学生的课堂中，这样青少年、大学生等年轻群体能够有机会接触到蓝印花布技艺，认识到蓝印花布技艺背后厚重的文化底蕴，激发对学习蓝印花布技艺的热情，通过动手体验等方式将理论知识与实践相结合，增强体验感，为吸纳人才奠定基础。

3. 进行多方位营销

在互联网发展的大潮下，可以采用线上线下双重营销模式。在线下营销中，可以通过开设展馆、打造蓝印花布一条街，依托桐乡丰富的旅游资源开设蓝印花布商店等方式进行宣传。尽管这些方式可能不会直接带来消费行为，但可以使到访者真实地看到蓝印花布产品，感受到蓝印花布背后的文化底蕴，进一步提高蓝印花布的影响力，这也是对蓝印花布传承的一种贡献。在线上营销中，可以建立旗舰店，并利用微信公众号、微博等平台进行宣传。

4. 需要加大政府扶持力度

影响年轻一代学习蓝印花布印染技艺的一个重要因素就是经济因素，从事该项技艺工作的经济收入较低，针对此种情况政府就需要减少经济因素对传承蓝印花布造成的阻碍。可以建立相关法律法规，对蓝印花布的产品、技艺进行保护；可以发放一定的经济补贴，减少经济因素的困扰。这样既可以鼓励年轻群体来学习该项技艺，又可以保持现有的民间技艺人的数量。可以在社会上加强对蓝印花布印染技艺的宣传，鼓励普通民众去真实地了解和体验蓝印花布印染技艺，拓宽蓝印花布的受众群体。

第五章

温州发绣

温州发绣是以人的天然色泽发丝为材料，以针为工具，遵循造型艺术的规律，在绷平整的布帛上施针度线创造艺术形象的民间手工艺。温州发绣始于元代，传承至今，素有"天下一绝"之美誉。就用发而言，分为两种：一种是单色发绣，即以同一人种的头发为材料进行创作；另一种是彩色发绣，即用不同人种的头发合绣或做底补色。2012年，温州发绣被评为浙江省第四批非物质文化遗产代表性项目。2018年，孟永国被评定为第五批浙江省非物质文化遗产代表性项目"温州发绣"代表性传承人。2021年，温州发绣被评为第五批国家级非物质文化遗产代表性项目，名录类别为传统美术类（表5-1、图5-1、图5-2）。2023年获批温州市传统工艺（温州刺绣）工作站，主要传承基地建在温州大学（温州大学发绣研究院）。

表5-1　发绣（温州发绣）项目简介

名录名称	发绣（温州发绣）
名录类别	传统美术
名录级别	国家级
申报单位或地区	浙江省温州市鹿城区
传承代表人	孟永国

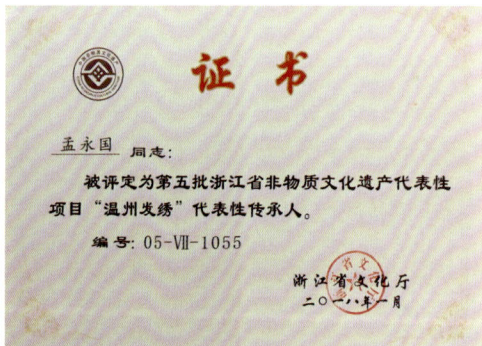

图 5-1　省级非遗代表性传承人证书

图 5-2　温州发绣入选国家级非物质文化遗产

第一节　起源与发展

一、发绣的起源

发绣历史久远，根据现有可查资料显示源于唐代，现存于世的最早的发绣作品是南宋刘安所绣的《东方朔像》，该作品很像墨绘，所以发绣又被称为"墨绣"。头发在传统文化中具有丰富的人文内涵，而发绣恰恰是以头发丝为原料、结合绘画与刺绣制作的艺术品，这种艺术形式起初是与佛教信仰有关系，有些虔诚的佛教徒剪下头发绣制佛像以表达对佛祖的虔诚。温州发绣始于元代，元代女画家管仲姬绣制的"观音像"，观音的发丝、眉毛、眼睛等部位都以人发绣制。到了元末明初，发绣的题材选择变得更加丰富，表现内容愈加充实，艺术手法推陈出新，绘画和刺绣结合，产生了诸多传世佳作。清代，发绣技艺得到进一步发展，有的贞女、孝妇和尼姑剪下自己的青丝，绣制"观音像""如来佛"等，以示虔诚。从清末到中华人民共和国成立这段时间，发绣技艺处于空档期，百姓生活困苦，难以专心于技艺创作与传承。中华人民共和国成立后，社会安定，国家政策支持文化发展，发绣迎来恢复发展期。改革开放之后，一大批手工艺人继续研究发绣技艺，不断推进发绣技艺的创新发展。

二、发绣的发展

1.发展历程

温州发绣经历了从单色发绣、彩色发绣到做底补色的发展历程。

（1）单色发绣。单色发绣是用温州人或者温州附近的人的头发作为原材料，进行绣品的制作，颜色上呈现黑白。单色发绣综合运用素描明暗的方法造型，施针、交叉针等针法，灵活使用针脚来表现立体效果，绣面形象有很强的立体感。

（2）彩色发绣。随着对外交流的增多，有机会拿到外国人的头发进行作品的绘制，利用头发的天然色泽，遵循造型艺术的规律塑造形象，来增强绣面的色泽美感。《蒙娜丽莎》是温州第一张彩色发绣，荷兰阿姆斯特丹艺术学院的老师到中国进行学术交流，孟永国先生凭借职业敏感性，看到了黄色头发就想作为发绣的材料。孟永国先生的老师进行互访的时候将黄色头发带回国。孟永国在绘制该绣品时并不是一帆风顺的，经历了很多挫折。1994年，孟永国先生完成了《蒙娜丽莎》这件作品，用中国手工艺方式演绎西方经典作品（图5-3）。

（3）做底补色。以绣前做底色的艺术手法创作作品，该种创作方法遵循"应物施针，法随心意"的创作新理念，用针线表达

图5-3　《蒙娜丽莎》

感情、表现生活。发绣创作进入前所未有的新阶段，在诸多领域取得成果，以崭新的形象诠释温州发绣的时代内涵。

2.所获荣誉

孟永国先生多次夺得中国民间文艺山花奖、中国工艺美术大师作品暨国际艺术精品博览会金奖等奖项。图5-4~图5-7所示为部分奖项。

图5-4　映山红奖

图5-5　2010年中国工艺美术百花奖金奖

图5-6　第九届中国民间文艺山花奖

图5-7　温州大学发绣研究所获纪念证书

第二节 风俗趣事

一、发绣促进金温铁路通车

发绣在温州传承已有700多年的历史，因其稀有性而不为世人所知，但是有一件事却感人至深，令孟永国先生难忘。1988年，浙江省领导筹划修建金温铁路，希望能引进海外资金。了解到知名学者南怀瑾先生是温籍爱国爱乡人士，弟子众多，在社会各界影响很广，省政府就派温州市委书记刘锡荣赴香港拜访南先生，希望南先生为家乡经济社会发展助一臂之力。但在拜见南先生的见面礼问题上颇为踌躇。经多方再三商讨，最后决定选用发绣，绣制南先生母亲南太夫人像。发绣专家魏敬先接到市政府通知后，立马行动，经过两个多月马不停蹄的日夜绣制，终于完成了肖像作品。

刘锡荣书记带着南太夫人的发绣肖像到香港南怀瑾先生家中，告诉南先生："我特地给您带来了一件精美礼品，您一定会喜欢！"打开礼盒，一幅和蔼慈祥的南母肖像展现于眼前。刘书记介绍说，这是发绣作品，是温州大学一位教授采用南太大人生前留下的本人头发绣成的。见到逼真的母亲肖像，南怀瑾先生一时思绪万千，百感交集，"扑通"一声跪地叩拜，掩面哭泣。这位年逾古稀的大孝子，由于两岸长期阻隔，已四十多年未返乡，母亲去世时也未能见上最后一面。随从人员扶起南先生后，他双手颤抖地握住刘锡荣的手说："知我者，刘书记也！"南先生非常感谢家乡人民对他的馈赠，当场表示，能为家乡人民做点功德之事，义不容辞！作品送到后不久，温州人民期盼了半个多世纪的从金华到温州的金温铁路开始上马建造，百年梦想即将实现！温州发绣人以一技之长，为促成金温铁路的通车尽一份力而颇感欣慰！

二、有关发绣的爱情故事

青丝束手、白首相依，是古人对真爱的最美诠释。发绣作为一种独特的手工艺品，具有情感性、纪念性和恒久性这三个鲜明的特点。头发承载着时间的印记，而个人的发丝则蕴含了个体的气质和精神。近年来，爱情题材作品是温州发绣的新成果。这些作品被赋予美好的祝愿，体现了爱情的美好。作品的材料是新娘的头发，绣制而成的作品由新娘亲手送给新郎，以艺术的方式传递爱。除此之外，不少的相恋情侣和婚后爱人也通过发绣这种形式表达对彼此的浓厚爱意，发绣承载着爱的承诺和责任。通过发绣，人们能够创造出独一无二的作品，记录下恋人间最珍贵的瞬间，赋予爱情更多美好的内涵和寓意。发绣爱情题材的作品作为一种古老传统与现代时尚的结合，既传承了古人对爱情的理解，又与时俱进地展现了新的美学价值。

三、有关温州发绣的外交故事

　　温州发绣有其独特的艺术魅力，在对外进行文化交流、推动温州地区经济发展的过程中都发挥了积极作用。发绣的创作者们不断展览、讲学，推动发绣的传播，发绣在国际交往中起到了增进友谊、建立深厚情感的牵线搭桥的作用。二十几年来，"发绣外交"成果显著，发绣作品在诸多国家和地区展出，作为国礼赠予外国元首，深受欢迎。比如，1996年11月，江泽民主席访问南亚四国时，向尼泊尔国王和王后面赠温州发绣肖像。2003年5月，在温州市和意大利普拉多市建立友好城市一周年之际，发绣研究所为普拉多市市长绣了一幅发绣肖像，作为温州市政府礼品，为加强两市的友好合作起到了重要的推动作用。2011年8月4日至8月31日，应泰国国家博物馆邀请，温州发绣随温州大学民间工艺美术展览团赴泰国曼谷参加"2011年泰国国家科技博览会"展演，展览期间，诗淋通公主在泰国国家博物馆馆长的陪同下饶有兴趣地到发绣展区进行观摩（图5-8），泰国国家科技博物馆定制收藏发绣作品《泰国国家博物馆》。

图5-8　诗淋通公主观摩温州发绣

第三节　制作材料与工具

　　温州发绣所用到的材料与工具主要有剪刀（图5-9）、绣针、绣布（图5-10）、头发（图5-11）、绷子（图5-12）、绣架（图5-13）等。在绣制绣品时，男女的工具会有所差别，女性工具展现更多的是秀美，男性工具展现更多的是壮美，最后绣制的作品呈现的艺术效果也会有所差异。

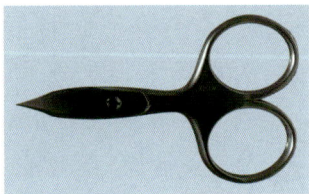

图5-9　剪刀

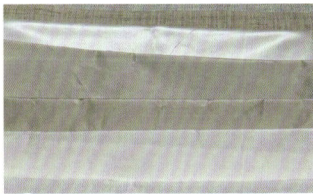

图5-10　绣布

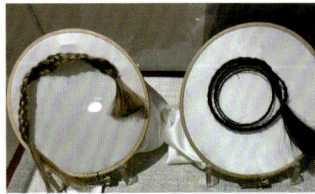

图5-11　头发

图 5-12 绷子

图 5-13 绣架

在头发的选取上，一般来说，老年人的头发比较脆弱，绣时容易断开，男子的头发比较粗，长度也较短，女性的不烫不染没有受过损害的健康头发比较适合当作发绣的材料，长度在30~40厘米。人的健康头发可以长时间保存，且强度较高，能够满足发绣的要求。

随着发绣技艺的不断发展，传统绣架的缺点逐渐显露。孟永国先生在传统绣架的基础上进行改良创新，使其更加适合现在发绣的创作。如图5-13所示，改良后的工具更加便于操作，使用方便，拆卸容易，可以放入包中随身携带。

第四节　制作工艺与技法

一、绣之工序

1.构思和构图

构思和构图是发绣作品创作时最为基础的两个步骤，先有构思，再有构图。在构思的过程中，需要在现实情景的基础上进行思考想象，用艺术的手法表达所见之景。在构图上，可以先进行多幅铅笔稿的绘制，在其中选取比较好的一幅进行后续的修改创作，构图过程中出现新的想法时要对先前的构思进行修改优化，多次修改达到满意的效果后即可定稿（图5-14）。

2.选头发和绷底料

完成铅笔稿之后进行头发的选取，根据题材选取相对应的头

图 5-14 铅笔稿小构图

发，需要选取未经染烫的健康头发，要事先经过消毒、脱脂和清洗。根据尺寸大小在绷子上固定，注意区分正反面，把缎的正面贴紧木框有斜坡的那一边，确保绷得紧实可用（图5-15）。

图 5-15　绷底料

3.上绣稿

用2B铅笔将事先准备好的铅笔稿轻轻地勾勒到绷好的缎面上，勾勒时要注意铅笔的色度，比发丝颜色浅些，保持细心和耐心，准确地勾勒出所需要的线条，保持绣面的美观和整洁（图5-16、图5-17）。

图 5-16　上绣稿

图 5-17　做底补色

4.针法设计和表现效果的思考

不同题材的发绣作品需要不同的针法和表现形式，针法的设计要根据发绣作品的整体效果而全局考虑，各部分之间既要有所区别又要相互呼应，共同构成整幅发绣作品。

5.绣制塑造形象

形象的绣制是整个发绣作品绣制中极为重要的一步，按照确定步骤绣制形象。在动手进行作品的绣制时需要先保证对绣稿的熟悉，研究不同部分需要使用不同针法。在绣制过程中，以主体为先，局部服从于整体，注重局部与整体间的协同度。形象的绣制不是部分间的一次性直接相加，各部分之间也有紧密的联系。检查绣面的绣制效果，根据现存的效果与预想的效果存在的差距进行细节的调整与优化，直到达到目标为止。

6.下绷装裱处理

下绷装裱是绣制发绣作品的最后一个环节，该步骤可以让发绣作品保存更长时间。在下绷上，需要有熟练的技艺，根据绣制作品的大小事先准备对应大小的硬木框，将硬木框正面涂上乳胶，粘贴到发绣作品背面，上面放些重物可以保持绣面平整。随后进行切割和修饰缎边料，晾干后在木框背面装裱水彩纸。最后将作品装入合适的画框即可（图5-18）。

图 5-18　下绷装裱

二、绣之针法

针法的运用是发绣作品绣制过程中必不可少的一步。发绣的针法有很多，在绣制作品时可以根据作品的需要进行选择。主要针法有如下几种。

（1）直针系列。直针是起落针两点连接为直线的用针方法，如点绣针、施针、滚针、交叉针、十字针、乱针和老墙针等，针迹效果有长短粗细的变化。

（2）曲针系列。曲针是起落针之间有越线钉绣的用针方法，形成弧形或交叉弧形的反复，如鱼纹针、飞鸥针、树叶针（各种阔叶类）、瓦楞、水波（平、流）、云纹等。

（3）拟形针系列。拟形针法是多次起落连接形成平面象形图形的用针方法，如文字纹、几何纹等针法。

第五节 工艺特征

一、材料特殊

温州发绣是一种源于元代传统工艺并在传承发展的过程中不断融入创新手法的独特刺绣技艺，它以人的头发作为刺绣的材料，赋予刺绣作品独有的特征和魅力。作为发绣原材料的是人的天然色泽的发丝，要具备细柔和光亮的特点。

二、针法丰富

发绣作品在绣制的过程中运用了多种针法，如接针、滚针、切针、缠针等。不同的针法有不同的适用场景，不同题材的发绣作品要选用不同的针法。同一幅发绣作品内的不同部分使用的针法也会有所差别。这些针法使得作品整体上更加融洽和谐。

三、工艺精湛

发绣，这一古老而独特的艺术形式，其制作工艺之精湛，令人叹为观止。从最初的构思到最终的成品，每一环节都凝聚着匠人的智慧与心血，历经多道工序的精心雕琢，方能展现出创作者所要传达的艺术韵味。发绣在制作的过程中，需要经过构思和构图、选头发和绷底料、上绣稿、设计针法和思考表现效果、绣制塑造形象、下绷装裱处理等多道工序，每道工序精心制作，才能出现作者想要表达的艺术效果。

四、艺术价值高

温州发绣以"应物施针、法随心意"为创作理念，巧用针脚的疏密变换、叠加复层来塑造形象，不同于传统丝线绣的密针排线封底密绣。绣面丝理清晰，质感独特，素色淡雅，变化微妙，具有审美价值、收藏价值、文化研究价值和国际传播价值。

第六节　作品赏析

发绣是一种传统民间工艺品，题材丰富，将爱情、友情、亲情等表达得淋漓尽致。通过观察发绣作品，我们不光可以感受到绣工精湛的发绣技艺，还能感受到发绣作品背后所蕴含的浓浓情感。

《爱因斯坦》为单色发绣（图5-19），40厘米×50厘米，魏敬先绣于1970年，这是保留下来最早的温州发绣人物肖像作品。该作品针脚的排列与素描线条的排列方法相近，是素描造型方法应用到发绣中的典型作品，追求明暗对比和形象的立体感，讲究虚实变化，为后来的发绣发展奠定了基础。该作品在针法上有传统针法，也有乱针这样的创新针法。不同的艺术形式需要不同的针法，才能把思想内容恰到好处地表现出来。

图 5-19　《爱因斯坦》

《脚印》为单色发绣（图5-20），25厘米×30厘米，孟永国创作于2017年，这张作品是用母亲的头发绣出婴儿的脚。母亲是很矛盾的主体，她既希望孩子能够闯天下，当孩子离母亲太远时又牵挂孩子，儿行千里母担忧，于是用该作品表达此种情感。这是亲情的美好寄托，也是对孩子降生的特殊纪念。

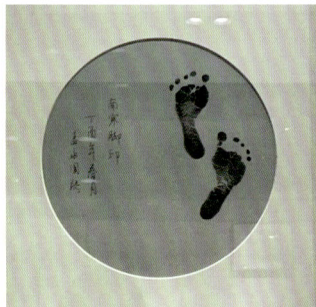

图 5-20　《脚印》

《郭沫若》为单色发绣（图5-21），40厘米×50厘米，魏敬先绣于1978年。这张作品以简洁明快的运针方法塑造绣面形象，面部顺着肌肉的运动方向对称施针，使丝理与肌理一致，用针非常到位。

《丝语廊桥》运用做底补色法，该作品是孟永国创作于2013年，是以"应物施针，法随心意"为理念创作的作品，通过表达对"桥"的解读，体现了创作者对田园生活的深沉眷恋，对人文遗迹所作的文化挽留（图5-22）。

图 5-21　《郭沫若》

图 5-22 《丝语廊桥》

图 5-23~图 5-29 为是部分发绣作品。

图 5-23 《盼》

图 5-24 《郑振铎》

图 5-25 《江心孤屿图》

图 5-26 《溪山寒松图》

图 5-27 《花间意》

图 5-28 《林深时见鹿》

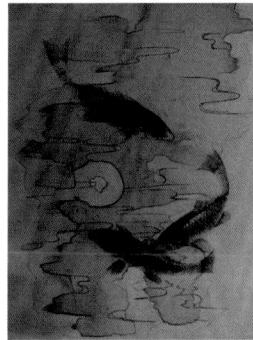

图 5-29 《鱼乐图》

第七节　传承人专访

　　为进一步深入研究并继承和创新非物质文化遗产发绣（温州发绣），笔者深入浙江省温州市调研，并专访了发绣（温州发绣）国家级传承人孟永国，以下为此次专访的主要内容。

一、我们从网上了解到温州发绣起源于唐代，最初是一些信女用自己的头发绣成佛像来进行膜拜，然而到晚清年间，这项艺术几乎湮灭，后又在中华人民共和国成立以后迎来复兴。关于发绣的起源，您有什么额外的补充或者令您印象深刻的起源故事吗？

　　孟永国：中国发绣的起源有多种说法，没有确凿的证据说明确定的发源地。据记载，温州发绣始于元代。早期发绣以线性形态为主，到20世纪90年代，素描规则被运用到发绣创作中，产生线面结合的艺术形式。后来，经过发绣人的创新，把传统的单色发绣发展成彩色发绣（其中包括做底补色法）。

二、关于温州发绣的近代发展历程，我们了解到最初是温州刺绣人吴文英的一幅《江心孤屿》引起了广泛关注，后有您的师傅魏敬先，再传承到您的手中，您能说说温州发绣这一路是怎么发展起来的吗？

　　孟永国：吴文英老师（1913—1989）是以传统刺绣为主要手艺的普通绣娘，在合作社时期，偶然绣了一幅发绣作品挂在接待室里，后来由于场地的变迁，作品去向不明。后来，魏老师（1937—2018）从南京艺术学院毕业后分配到温州瓯绣厂作绣稿设计，毕业实习到苏州任彗娴、顾文霞老师那边学习过刺绣。所以在设计的同时，他自己也绣一些作品。由于时代的原因，当时都绣伟人像，把素描的规则运用到刺绣中，他自己起名叫素描绣，后来用头发绣名人肖像，为政治文化名人绣像，并赠送给外国元首。为金温铁路修建助力，为加快温州大学建设争取到几项捐建项目，发绣在温州一下子声名鹊起，颇受政府和社会关注。到1991年，在温州大学（原温师院）成立温州市人像绣研究所。此时正值我在温师院就读，次年毕业留校后进入人像绣研究所（今温大发绣研究院）。从开始的好奇、就业需要到后来的真正喜欢，入行越深，渐感责任在身，1994年，把传统的单色发绣发展为彩色发绣。

　　由于肩上有责，平时不敢懈怠，不断探索，完成了五次创新。为了满足新时代大众的审美需求，继续创新，开发文创产品，如《脚印》《手印》《唇印》等，获得百姓认可。作品创作是技艺传承的自我实现，培养人才才能接续手艺的代代相传。自2010年起，带徒传艺，至今人才梯队有序，有蔡淑明、林纤宁、郑媚媚等7位掌握专业技巧、崭露头角的青年后辈。

民间手工艺从乡野民间进入高校传承，是发展的自然路径，也是时代更迭中的人为努力。往昔农耕社会远去，旺盛的社会需求转向工业产品，手工创造成为需要保护的"非遗"，行走于文化边缘挣扎向前。时代环境的改变意味着手工艺生存条件的变化，在乡野民间的自生自灭显然缺乏保护能力，进入高校是恰逢时代的良好机遇，高校有人才储备，有对文化传承足够的认知能力，有担当的胆量和文化自觉。顺应时代，迎合保护需要，在没有更好的环境支撑手工艺传承的情况下，进入高校是不二的选择。一方面，接近传承传播对象，满足广大师生学习传统文化的需要；另一方面，为学校提供培养学生人文素养的非遗课堂，就近体验，使中华优秀传统文化在高校得以传承。

三、您是怎样的一个机会接触到温州发绣的？您在传承过程中经历过什么令您印象深刻的重要时刻吗？或者温州发绣在传承过程中有什么重要事件或发展的新突破？

孟永国：我接触到发绣是1991年，读大学期间。当时，我是美术系学生会主席，组织了一次活动，邀请美术系魏敬先教授做发绣讲座，魏老师演讲很生动，特别有趣，我也听得出神。结束后，他给我们看还留在绣绷上快要完成的人像绣作品，看上去特别细腻传神，当时觉得这个手艺了不起！1992年7月，我毕业后留校进入人像绣研究所（温大发绣研究院前身）工作，开始了我的发绣手艺生涯。一开始，以学习绣的基本操作方法为主，有了顺手施针度线的能力后，就开始思考，如何把绘画的能力转换到绣的表达上。1993年，我有幸得到外国人的金发，开始尝试将绘画原理应用在发绣中，成功地把传统的单色发绣发展成为彩色发绣，创作了一系列彩色发绣作品。1999年，我有幸参加云南昆明世界园艺博览会，中国馆里有福建省的生态园，皇宫厝样式的建筑吸引着我，很美！回学校后，绣了一幅以生态园为内容的发绣作品《城市蜃楼》。首次绣风景，技术上很有挑战，但最后完成得不错，这也是人像绣研究所的第一幅风景作品。后来又在针法上努力探索，运用乱针针法绣肖像《爱因斯坦》。继续创新，新创做底补色法；革新发绣创作工具，使其美观好用；改良发绣装裱方法等一系列发绣工艺领域的创造性转化。梳理发绣技艺理论，形成系统的语言表述体系。

在传承过程的具体实践中，久攻不下的难点突然有了新转机，豁然开朗、顿悟解惑的时候，是非常激动的。在五次创新过程中，每一次的突破，都体验到成功的舒心喜悦，非常提气！如把传统的单色发绣发展成为彩色发绣的转折点《蒙娜丽莎》，一种爬到山顶更辽阔的即视感；创作《爱因斯坦》，以乱针塑造形象，针法与形象肌肤皱纹一致，乱针在发绣创作中的首次运用，使形式与内容吻合，都是无比激动的探究。有时候，在创作过程中，传统文化在作品中的巧妙展现，都会让我兴奋不已。振奋是因为顿悟的愉悦，是难题破解后的成就感！

四、据了解，您之前学的是美术专业，对于以前没怎么拿过针的问题，您在刚接触发绣的时候是如何克服这个困难的？

孟永国：困难来自非智力因素的工具操作，需要经历很长的一段时间，直到形成肌肉记忆，达到眼、脑、手的配合协调。克服这个困难没有捷径，只有反复的实践。左手食指指肚挨了数不清的针刺，用了不少的创可贴，当热爱超越疼痛的情绪，坚持是唯一的法宝。

五、您在发绣的传承过程中是怎么进行创新传承的？

孟永国：一共经历了五次创新。

（1）1994年，把传统的单色发绣发展成为彩色发绣，改变了温州发绣色彩单一的局限；

（2）2000年，首次在发绣中引入乱针绣法，温州发绣技艺由传统程式走向应物施针，并提出刺绣写生的艺术主张，逐渐形成"应物施针、法随心意"的创作理念；

（3）2010年，革新发绣创作工具，通过解构重组的办法，创造性地将传统工具转化为美观好用的现代发绣工具，并获得专利；

（4）2012年，新创"做底补色法"，弥补了发绣色彩的局限，为表达主题营造了氛围，将表现题材拓展到静物、风景、花鸟等；

（5）改良发绣装裱方法。以平薄的硬木框后加衬板代替原来直接在缎地背面贴三夹板的方法，既能保持绣面平整稳固又利于长期保存，解决了发绣下绷装裱问题。

六、温州大学有发绣研究所，您有没有把发绣向其他学校宣传呢？

孟永国：有把发绣向其他学校宣传的，开设公选课，举办有关温州发绣的活动，现在很多高校都有艺术周，在艺术周上组织一些相关活动，非遗进校园等。

七、不同作品的制作时长是不是不一样？

孟永国：耗时长短相差很大，相对简单的作品和相对复杂的作品所需要的时间从几十分钟到几年不等。在艺术馆里的普通头像需要三个多月，《蒙娜丽莎》是大约一个学期绣制而成，而《丝语廊桥》花费了一年多。

八、发绣作品如果售卖的话价格是什么样的？

孟永国：价格存在不同层次的差异，根据社会必要劳动时间来决定，耗费时间短的产品价格低，耗费时间长的作品价格高，价格和价值接近，不同的消费群体根据他们的能力选择相对应的产品进行消费。

九、政府在帮助温州发绣传承做了哪些努力？您认为温州发绣应该如何传承？有什么展望吗？

孟永国：政府对发绣这项非物质文化遗产的传承已经做了很多努力，在经济方面给予传承人一些补贴、一些荣誉和政治地位，比如大师、艺术家、文化名人等。适者生存这是基本规律，艺术的发展有其规律，和人的生命发展有类似之处，从起源到最后的灭绝都是不可避免的，不同的艺术形式就是过程的长短不同。在发绣的传承上，我们要尽最大努力去做好传承，不要偏激，要根据发绣的发展规律，顺势而行，因势利导，渐渐地、慢慢地把手艺在当代的环境下很好地传承下去。任何一项技艺的存在都是有环境的，环境好技艺传承得好。发绣手艺是农耕经济的产物，但是现在的生存环境已经不是往昔的农耕环境了，是一个崭新的环境，农耕经济的产物要适应新的环境是很困难的，现在的非物质文化遗产保护工作就是在创造人为的环境让其生存，政府主导，文化管理部门加强制度建设，夯实非遗保护体系基础，传承人强化文化担当，努力践行国家的非物质文化遗产保护政策，三方密切配合。

十、对于头发丝的要求有哪些？对底料的要求有哪些？

孟永国：发绣区别于其他的刺绣，将人的头发作为材料。在底料和发丝的选择，底料因发丝弹性的局限，大多选择比较厚实的素色真丝缎面，头发的选择上，要保持头发的原真性，不能改变，保持原来面貌这是基本要求。头发具有粗细之分，粗细各有用处，需要按照头发的粗细进行分拣，在制作发绣时各取所需。头发分拣过后，发丝要进行消毒去脂，保证发丝的不霉不烂不褪色。

十一、您认为发绣传承发展当前面临的问题是什么？针对问题，您觉得发绣的传承目前还需要哪些方面的支持？

孟永国：在发绣的传承过程中面临的主要问题是技艺失传。市场上对手工艺制品的需求不旺盛，从供需方面来讲，生产出来的产品卖不掉，没有办法再生产产品，传承该项技艺的人员数量会受到影响。如果是工作室，单单研究发绣技艺是吃不消的，没有办法延续。在高校中发绣的生存问题不用担忧，需要研究的是如何制作出好的发绣作品。非物质文化遗产（发绣）提供的是公共服务，不能孤芳自赏，大众要能够享受到、欣赏到我们的手工艺产品。想到达到这种程度，需要融入大众生活，给大众提供文化服务。比如，增强大众的体验感，作品价格比较贵的时候大众可能不会去买，但可以让大众体验，如举办一些亲子活动，儿童可以认识到该项传统活动，简单学习该项技艺，父母和孩子体验的过程中需要相互配合，孩子有成就感。比如用妈妈的头发绣制一幅作品，绘制完成之后可以送给妈妈，在这个过程中也能够增加亲情。

第八节　传承现状与对策

一、传承现状与问题

这些年，温州发绣不断转型发展，以孟永国为核心的温州大学温州市发绣研究所创作团队也从四五个人增至十几人，且有高级工艺美术师数人。温州发绣的作品题材也不断丰富充实，贴近大众，融入大众的生活。近年来，国家对非物质文化遗产的重视程度不断提高，温州发绣的传承人与政府部门密切联系，在保护非物质文化遗产上付出了很大的努力，有力地促进了发绣技艺的传承发展，但温州发绣仍面临一些冲击与挑战。

1.缺少绣制人员

发绣技艺在传承过程中面临的一大问题就是绣制人员的缺少，目前温州发绣的传承形式是高校传承，在高校传承中，传承者考虑的是如何精进技艺，如何将技艺更好地传承下去。但民间技艺的传承，他们还需考虑经济因素，即传承发绣技艺能否满足基本的生活需求。因为发绣作品对技艺的要求较高，需要手艺人进行长时间的学习和实践，而发绣产品所带来的经济收益并不是很乐观，难以获得长期稳定的收入，故民间的传承人数量较少，缺少足够的绣制人员。

2.供需不对等

头发是发绣产品制作过程中的主要原材料。在选择头发时有较高的要求，这是因为头发的质量和外观直接关系到发绣产品的质量和效果，优质头发需要是原生健康头发，未经染烫。而且发绣产品的生产周期较长，根据其复杂程度的不同，需要耗费的时间也不同，从几个月到几年不等。发绣所耗费的生产成本很高，故在市场上售卖的发绣产品价格也相对高昂，销售人群和消费市场都比较有限。主要的销售方式是政府或其他机构购买作为礼品赠送。

3.宣传力度不够

当前，随着社会的进步和人们生活水平的提高，越来越多的人开始对发绣产生兴趣。但是大部分人是通过新闻媒体或其他渠道听说过发绣，并没有亲眼见过真正的发绣作品，也不了解发绣的制作过程，不了解这门传统的手工技艺。而与人民群众日常生活息息相关、紧密相连、为人民群众所喜闻乐见的手工艺生存发展的空间会更大，更具有生命活力和发展动力。发绣技艺目前的宣传力度不够。

二、传承对策

1.加大宣传力度

政府部门在加大宣传力度方面可以发挥重要作用。首先，政府加大对传统文化的保护力度，将发绣与当地文化建设结合起来，张贴条幅标语等，在社会上形成尊崇非物质文化遗产的热潮，提供相应的资金支持和场地设施，为民间发绣艺人提供更好的学习和展示平台。与此同时，政府还可以鼓励建立专门的发绣协会，为发绣艺人提供更多的合作机会和市场推广支持。通过举办发绣比赛和培训班等形式，激发人们参与发绣的积极性。发绣比赛能够吸引更多的发绣爱好者参与其中，在比赛中展示他们的才华和创新能力，扩大发绣的影响群体。培训班则可以传授发绣的基本技巧和知识，吸引更多的普通民众了解和学习发绣艺术，进一步推动其发展。加强对发绣的宣传报道，通过新闻媒体、网络平台、电视节目等多种途径进行与发绣技艺相关的报道，向社会普及发绣的基本知识和其背后所蕴含的传统文化。除了政府在宣传方面能够发挥引导作用外，发绣从业者和爱好者也可以发挥自身作用，例如，积极向身边的同事、亲人等交流讲解发绣知识，积极参与各种发绣的宣讲活动与比赛等。

2.壮大人才队伍

对于一门手工技艺的传承，人才发挥的作用是必不可少的。温州发绣对人才的要求比较高，政府部门可以联合温州大学温州市发绣研究所广纳英才，培养专门的发绣制作方面的技术型人才。很多的民间发绣技艺传承者因为经济因素放弃对技艺的传承，政府部门可以给予一定的经济补贴，降低生存方面的困难，尽可能地减少经济因素对发绣技艺传承的阻碍。政府还可以建立发绣技艺传承者的交流平台，促进他们之间的合作和共享，壮大人才队伍，共同推动发绣技艺的创新和发展。

3.与市场需求对接

随着经济社会的不断发展，人们的审美需求变得多元化，不同阶层的消费者有不同的消费需求。温州发绣的传承需要以市场需求为导向，否则制作出来的产品没有市场，不能及时进行售卖，容易发生产品滞销等问题。可学习借鉴其他纺织类非遗项目的经验，结合发绣自身的特点和优势，针对不同的消费群体生产不同的发绣产品，比如，可以结合当地旅游特色制作小的发绣文创产品，也可以制作精美的价格稍高昂的发绣作品，以促使不同消费阶层的消费者均能接触、了解到发绣技艺。同时做好不同阶层消费者对产品的反馈和建议。

温州发绣是一种具有独特特征和鲜明地域文化特色的技艺。它通过人的头发作为刺绣材料，运用多种针法，创造出细密、雅致的刺绣作品。温州发绣不仅是一种技艺，更是一种传承和发扬中华优秀传统文化的方式，展现了温州地方文化的独特魅力。虽然温州发绣的传承现在面临着一些问题，但政府、传承人等多主体都在为进一步传承温州发绣技艺而不断努力，温州发绣技艺也在不断创新和完善，也将会更好地适应现代社会的需求和审美观念，不断发展壮大。

第六章

中式服装制作技艺（振兴祥中式服装制作技艺）

中式服装，作为一种具有独特中国传统风格的服饰，展现了中华民族多元文化的鲜明特色。这些服装不仅仅是近现代的时尚表达，更是五十六个民族悠久历史的象征，融合了东方美学中的含蓄与优雅。其中，"振兴祥"中式服装制作技艺，作为一门独特的手工技艺，代表了中国传统服装制作的精髓。它起源于1897年于杭州湖墅宝庆桥新码头创立的金德富成衣铺，经由传承人翁泰校精学细作，后在杭州吴山路27号开设了振兴祥成衣铺。自那时起，这一技艺便历经数代人的创新与传承，至今仍焕发着勃勃生机。

"振兴祥"不仅是历史悠久、生产从未中断的中式服装老字号之一，更是中国数千年服装文化精华的集中体现，展示了中华民族在服装工艺上的卓越技艺。2011年5月，这一独特的制作技艺被评定为国家级非物质文化遗产，成为中国文化宝库中的璀璨明珠（表6-1、图6-1）。

表6-1 中式服装制作技艺（振兴祥中式服装制作技艺）项目简介

名录名称	中式服装制作技艺（振兴祥中式服装制作技艺）
名录类别	传统技艺
名录级别	国家级
申报单位或地区	浙江省杭州市
传承代表人	包文其

图 6-1 中式服装制作技艺（振兴祥中式服装制作技艺）
入选国家级非物质文化遗产

第一节 起源与发展

一、中式服装制作技艺（振兴祥中式服装制作技艺）的起源

在20世纪初期，杭州服饰文化迎来了一个重要的转型阶段，这一转型主要受到西方服装趋势的深刻影响。此时期，女性旗袍从传统宽松的直筒形式逐渐演进至更

加贴合身形的现代款式。这种风格的变迁不仅映射了外来文化的渗透，还反映了当时社会观念和审美取向的转变。翁泰校的出现为杭州的服装行业注入了新的活力。他所创立的振兴祥成衣铺，成为传统手工艺与现代设计理念相结合的典范，其工艺不仅深受当地顾客的喜爱，更成为后续服装制作的标准。

中华人民共和国成立后，杭州的服装产业经历了传统与现代交织的阶段。这一时期服饰风格呈现出多样性，融合了经典与创新元素。尤其是振兴祥成衣铺的转型为合作社，象征着生产模式和工艺传承的重大转变，为未来的发展奠定了坚实的基础。

"文化大革命"对于杭州的服饰产业产生了深远的影响，尤其是对传统服饰如旗袍等的冲击。面对这样的挑战，合作社的应变和转型展示了杭州服饰行业的适应能力和创新精神，确保了传统技艺和文化的持续传承。

改革开放的浪潮为杭州的服饰文化注入了新的活力。随着人们对生活质量的不断追求和对个性化服饰的渴望，服饰产业开始向多样化和创新方向发展。在这一时期，振兴祥的前身杭州利民中式服装厂凭借其卓越的工艺和高品质，成为该时期的佼佼者，展示了杭州服饰文化的新貌和发展潜力。

二、中式服装制作技艺（振兴祥中式服装制作技艺）的发展

20世纪70～80年代中期，包文其在杭州天水丝织厂通过不断学习，熟练掌握了丝绸和服装生产的各道工序及生产关键技术，特别对丝绸面料的组织、染色及面料在服装生产中的物理性能等有比较深入的了解。20世纪80年代中期至90年代初期，他先后在杭州市丝绸工业公司、杭州幸福丝织厂等单位从事丝绸和服装生产的技术工作，刻苦钻研并虚心向老师傅请教，进一步熟练掌握了服装生产的各道工序及生产关键技术关键，善于解决服装生产中的各种技术问题。

20世纪90年代初期至今，包文其在杭州利民中式服装厂主持中式服装的生产及技术管理工作，不断在实践中学习，将振兴祥中式服装制作技艺进行整理、归类、补缺，解决了实际生产中多个技术问题，并利用现代服装生产技术进行新技术的开发，不断培养专门技艺的技术人员，保证了振兴祥中式服装制作技艺能完整地保留下来并用于企业实际生产。

1995年4月，包文其接任厂长。他在全厂开展中式服装制作技能培训，丰富了振兴祥中式服装制作技艺的内容，培养了以蒋明为代表的一批有文化、有技术的中青年骨干。同时，包文其带领职工积极探索中式服装时装化的新路子。传统的旗袍款式主要为大襟和对襟，而利民推出的新款式既保留了花扣、镶嵌和中式领，又有西式服装的洒脱简洁，受到市场的普遍欢迎。

2008年，包文其为北京奥运会制作"青花瓷"和"粉色"两个系列、六个款式近200套颁奖礼服，被誉为"会行走的中国瓷器"。

2009年，为第39届国际广告大会制作3000余套会服，并为国务院副总理专门定制会服，让世界各国广告界人士领略了中华民族丰富的服装文化。同年，振兴祥中式服装制作技艺被列入第三批浙江省非物质文化遗产代表性项目名录。

2012年12月，包文其被认定为第四批国家级非物质文化遗产代表性传承人。

表6-2所示为振兴祥中式服装制作技艺传承谱系。

表6-2　振兴祥中式服装制作技艺传承谱系

代别	姓名	性别	出生年份	籍贯
第一代	金德富	男	不详	不详
第二代	翁泰校	男	1900年	浙江诸暨安平乡翁家埠
第三代	陈炳祥	男	1915年	浙江天台
	蒋桂福	男	1917年	浙江绍兴
第四代	王兰英	女	1928年	浙江杭州
第五代	童金感	男	1950年	浙江杭州
	蒋明	女	1957年	浙江绍兴
	包文其	男	1951年	浙江东阳

第二节　风俗趣事

一、"振兴祥"的奥运华章

在国际盛会的舞台上，振兴祥以其巧夺天工的手艺，为世界各地的名流雅士、海外游子以及台湾同胞量身打造中式华服，不仅赢得了他们的钟爱，更成为中国服饰文化认同的桥梁。2008年，振兴祥更是以一场视觉盛宴，完成了北京奥运会颁奖礼服的制作，让世界为之瞩目。

7月17日，当北京奥运会颁奖礼仪服的神秘面纱被揭开，其美轮美奂之姿惊艳了全世界。这不仅是一场体育竞技的盛会，更是一次东方美学的展示。女装系列共15款，分为"青花瓷""宝蓝""国槐绿""玉脂白"和"粉红色"五个系列，每一系列都为不同的职能角色——嘉宾引导员、运动员引导员和托盘员设计了不同风格的服装。

"青花瓷"系列，灵感源自中国古典青花瓷器，以中国传统乱针绣技艺，巧妙地再现了青花瓷的晕染效果，仿佛每一件礼服上都流淌着历史的光泽。鱼尾裙的廓形设计，更是将中国女性的柔美曲线展现得淋漓尽致，这一系列礼服在国家游泳中心、顺义水上公园和青岛等水上项目的颁奖仪式中大放异彩。

奥运颁奖礼仪服饰的另一大特点，是每一件都严格按照每位礼仪小姐的身形量身定制，这不仅体现了振兴祥对工艺的极致追求，更展现了对每位穿着者的尊重与关怀。每一件礼服，都是匠心独运的艺术品，每一次剪裁，都凝聚了对完美的执着追求。

二、"振兴祥"织就博鳌风采

在博鳌亚洲论坛这个星光熠熠的国际舞台上，每一次亮相都是对文化深度和审美宽度的考验。这里，不仅是政要、商界巨头和学术泰斗的智慧交锋，更是一场无声的时尚对话。而振兴祥，这家承载着中国悠久服装文化精髓的品牌，以其匠心独运的手艺，担起了为这场国际盛宴添彩的重任。

当世界各地的精英汇聚于博鳌，他们身上的服装，便成了传递文化的重要语言。振兴祥的设计师们，如同巧夺天工的魔术师，将传统与现代巧妙融合，让每一件服装都诉说着中国故事，同时又不失国际范儿。他们的手，不仅在织布，更在织梦，织出一个让世界为之瞩目的东方梦境。

在这个过程中，振兴祥的团队面临的挑战不亚于一场精心编排的交响乐。他们必须在尊重多元文化的同时，让每一位穿着振兴祥服装的嘉宾，都能感受到那份来自东方的独特魅力。这不仅是对设计师们创意的挑战，更是对文化理解力的考验。

终于，在博鳌论坛的聚光灯下，振兴祥的服装如同一朵朵绚烂的花，绽放在世界眼前。它们不仅仅是布料与色彩的组合，更是中华文化与现代审美的完美融合。每一件服装的亮相，都赢得了与会嘉宾的交口称赞，它们成了中国优雅与自信的象征，向世界展示了中国在国际舞台上的独特风采。

第三节　制作材料与工具

一、制作材料

1.面料

振兴祥的中式服装面料选择充分展现了对高品质和传统工艺的坚持。该品牌优先选用源自"丝绸之府"杭州的高档织锦缎和丝绸，这些面料不仅以其轻盈的质地和绮丽的色彩闻名，还因其优雅的光泽而成为制作旗袍等传统中式服装的首选材料。振兴祥在面料的选择上，不仅追求外观的美感，更注重材料的天然和舒适性，其主要分为以下三类：

（1）真丝类面料。特别是桑蚕丝，因其出色的养肤、透气和吸湿特性，在穿着时提供了无与伦比的舒适体验。这种重磅真丝面料，不仅垂感佳，抗皱性强，而且体现了振兴祥对服装品质的执着追求。尽管成本较高，但这正是品牌高质量承诺的体现。

（2）提花缎类面料。它的选用则是振兴祥对中国传统文化的深刻理解和尊重的表现。这些面料通过将真丝和人造丝交织，以及采用代表吉祥如意和富贵纳福的动植物题材纹样，不仅展现了色彩的艳丽和材质的高雅，更是中华文化的一种传承和展现（图6-2、图6-3）。

图6-2　织锦缎面料

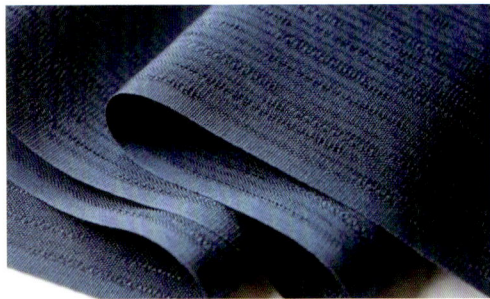

图6-3　杭罗面料

（3）全棉和麻类面料。除了高档真丝面料，振兴祥也考虑到不同客户群体的需求，提供全棉和麻类面料的服装。这些面料虽然在质感上可能不及真丝绸缎，但以其天然环保的特性，舒适透气的穿着感受，以及更为亲民的成本，赢得了广泛的市场喜爱。在男女装的选择上，振兴祥也展现了其对市场趋势的敏锐洞察。女装多采用印花面料，以展现柔美与时尚；而男装则更多选择全毛花呢类面料，以其挺括的质地和大气的设计，彰显男性的独特魅力和身份。

2. 辅料

（1）里料。振兴祥服装主要采用100%纯丝作为里料，包括桑波缎和电力纺等品种。而对于外穿或不直接接触皮肤的衣物，通常选用全棉或人造丝里布。在非特殊需求的情况下，振兴祥很少使用涤纶或尼龙等化纤材料，因为这些材料在环保和透气性方面表现较差（图6-4、图6-5）。

图6-4　桑波缎里料

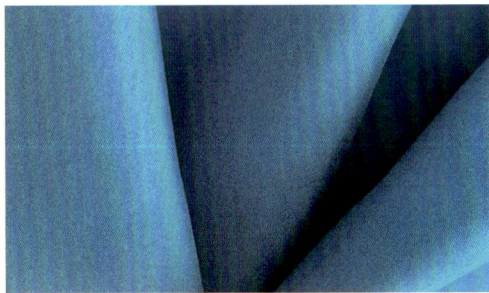

图6-5　电力纺里料

（2）衬垫料。随着服装加工工艺的进步，振兴祥在部分衣物中使用了多种类型的黏合衬，如非织造衬、针织黏合衬、机织黏合衬等。这些衬垫料的选择取决于面料特性、具体部位及所需手感。例如，在领子部分，会特别挑选适合的树脂衬。

（3）填料。振兴祥多数采用100%纯丝绵。在保暖需求下，也会使用棉花或驼绒填充于面料和里料之间。部分高档服装中，还会增添一层真丝里子以提升档次。

（4）装饰材料。主要分两大类：一类是旗袍等传统服饰常用的镶条、嵌条等，多数使用不同色彩的素绉缎、花边等（图6-6）；另一类是人造钻石、珠片、多种材质纽扣及特殊标记等。

（5）标志材料。振兴祥服装的标志材料有主唛、尺码唛、洗唛、吊牌等。

（6）扣紧材料。振兴祥服装使用的主要是各类直扣、花扣、揿扣和风纪扣。考虑到现代人对便捷性的偏好，在开襟处也常用拉链。一些服装在腰部或背部增设拉链，以方便穿着。

（7）线。振兴祥服装所用线材包括手工缝制线、装饰线和内衬棉线。早期多用棉线和丝线，现多使用涤纶线（图6-7）。直扣和花扣缝制多采用丝线，装饰线则选用粗细、颜色与面料形成对比的丝线。内衬棉线则用于嵌线中，以确保嵌线的圆润和立体感，通常选用圆滑且有一定硬度的蜡线。

图6-6　双镶边

图6-7　丝线

二、制作工具

振兴祥中式服装制作技艺包含了独特的裁剪缝纫技艺，其制作器具除常见的剪刀、针、皮尺、木尺、曲线板等裁缝工具外，还有如今服装制作不再见到的刮糨刀、糨糊、粉饼、粉线袋、水线、顶针、大头针、钻子、镊子、皮刀、火熨斗、烙铁、熨垫等。

1. 剪刀

剪刀的选择至关重要，它们有大、中、小剪刀和机剪。大剪刀主要用于裁剪较大的布料，其锋利的刃口能够确保裁剪过程顺畅，而不损伤布料的纹理。中剪刀则用于修剪布片的边缘或复杂部分，小剪刀和机剪则主要用于修剪线头和细小部分，保证成衣的整洁（图6-8）。

2. 针

缝制时使用的针，根据面料和缝制方法的不同，选择不同长短规格。例如，普通缝制使用的是标准长度的针，而在绗棉等特殊工艺中，则会使用更长的针。选择合适的针不仅能提高缝制效率，还能确保缝线的均匀性和美观（图6-9）。

3. 尺子

尺子的选择也是服装制作的一个重要环节。皮尺通常用于量体，它的长度和柔韧性使得在量取曲线部位时更为准确（图6-10）。木尺用于直线量取和标记（图6-11）。而曲线板则在绘制曲线版型时发挥着重要作用，曲线板通常有塑料和电胶板两种材质，上面有多种形状的曲线，方便设计师在绘制版型时使用。

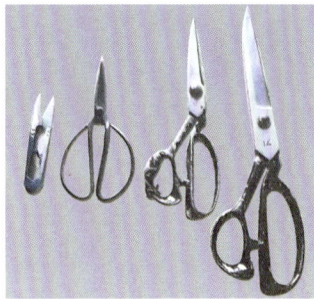
图 6-8　剪刀

图 6-9　手缝针

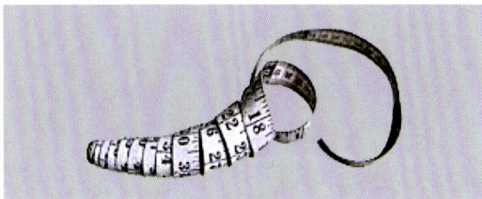
图 6-10　皮尺

图 6-11　木尺

4. 刮糨刀

刮糨刀通常由毛竹制成，一端为三角形的刮片，另一端是手柄。在制作传统中式服装时，刮糨刀用于涂抹糨糊，使衬布与面料黏合，增强服装的结构和形状。

5. 糨糊

糨糊在传统服装制作中有着不可替代的作用，主要用于黏合衬料和牵条，也可用来代替疏缝，方便后续的缝制工作。糨糊的制作需要专用的小粉，这与普通的面粉不同，以避免时间久了发酵变质。糨糊的浓度调配也是一门学问，黏合用的糨糊相对要稠一些，而上糨的可以稍稀，以便于涂抹均匀。

6. 粉饼

粉饼是用于在面料上画裁剪线的重要工具（图6-12）。它的优势在于标记线条清晰且易于清除，不会像其他笔迹一样留下难以清除的痕迹。

图 6-12　粉饼

7. 粉线袋

粉线袋的使用在中式服装制作中至关重要（图6-13）。它是一种特制的工具，用于在面料上画线，尤其适用于丝绸等轻薄面料。粉线袋通常由两层高密度布料缝制而成，形状像一个小圆柱，里面填满了细碎的粉饼。在布料上轻轻一弹，可以留下清晰且准确的裁剪线。这种方法不仅适用于直线的标记，对于弧线等复杂图案同样有效，体现了传统工艺的精准和便捷。

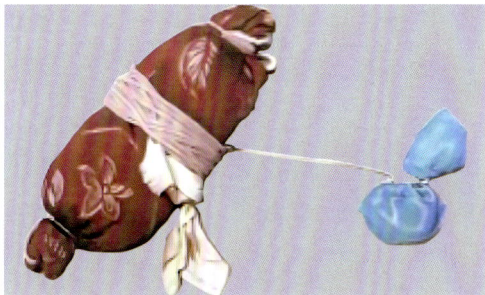

图 6-13　粉线袋

8. 水线

水线是一种长约60厘米的棉线，用于在需要折痕的面料上标记。在使用前，线首先被浸湿，然后轻轻按压在面料上，使其留下湿痕。这样处理过的面料在熨烫时会更加平整和易于折叠，尤其适用于斜条和细边等精细部位的处理，展现了中式服装制作中对细节的关注。

图 6-14　顶针

9. 顶针

顶针是一种在手工缝制过程中使用的辅助工具，特别适用于处理厚重的面料（图6-14）。当面料厚实到针难以穿过时，顶针可以帮助增加穿透力度，确保缝制的顺利进行。这不仅展示了中式服装制作对工艺的精细要求，也反映了对工匠手艺的尊重。

10. 大头针

大头针在中式服装制作中的应用极为广泛（图6-15）。它主要用于固定面料或折痕，以便于后续的缝制或处理。大头针的使用大大提高了工作效率，同时也保证了制作过程中的精确性。

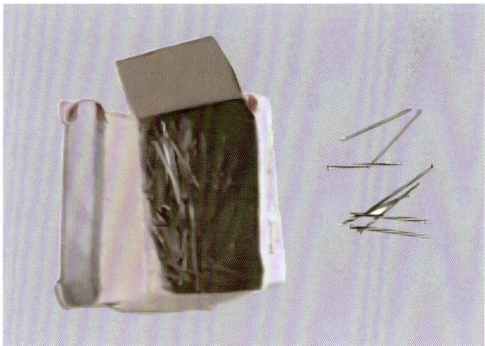

图 6-15　大头针

11. 钻子

钻子是一种用于确定面料上褶位等缝制位置的专用工具（图6-16）。它在制作过程中确保了褶皱和其他装饰元素的精确定位。

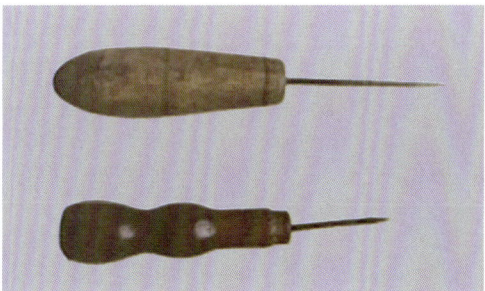

图 6-16　钻子

12. 镊子

镊子主要用于制作花扣和打扣头子时固定折位，减少了手工操作的复杂度，同时保证了装饰元素的精细和美观（图6-17）。

13. 皮刀

皮刀在制作毛皮类服装时发挥重要作用（图6-18）。与普通剪刀相比，皮刀在切割毛皮时可以减少对绒毛的损伤，保证服装的质感和外观。

14. 火熨斗

在古代中式服装的制作中，火熨斗是不可或缺的工具（图6-19）。在蒸汽熨斗还未广泛使用的年代，它是主要的熨平工具。传统的火熨斗需要放置于木炭上加热。熨斗的温度控制全靠制衣师傅的经验判断，他们会在熨斗底部滴水，通过水滴蒸发的快慢来评估温度是否合适。因为不同面料对温度的要求各异，这种方法在传统制衣中显得尤为重要。

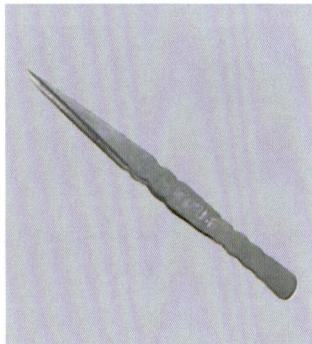

图 6-17　镊子

图 6-18　皮刀

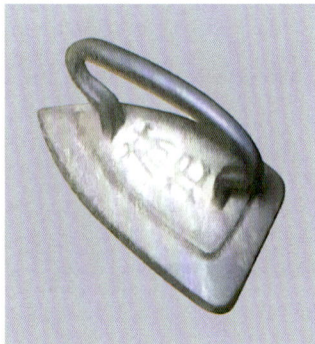

图 6-19　火熨斗

15. 烙铁

烙铁这一较为小巧的熨烫工具，特别适用于火熨斗难以达到的区域。它在木炭炉上加热后，用于精细地整理服装的小边角和复杂部位。烙铁因其体积小、灵活性高，成为传统中式服装制作中处理细节的重要工具。

图 6-20　手臂熨垫

16. 熨垫

在中式服装制作中，熨垫扮演着关键角色（图6-20、图6-21）。它主要用于为立体部位提供支撑，特别是在肩膀和胸部等区域的整熨过程中。这些部分在平面上难以得到有效熨烫，而熨垫能够提供所需的支撑，确保服装在整熨时既保持其立体形状又不损失平整度。熨垫的使用技巧要求精细，能够确保衣物外观的平滑和形状的保持，这反映了中式服装制作中对工艺精度和传统技术的重视。

图 6-21　圆熨垫

第四节　制作工艺与技法

一、款式构思

　　振兴祥在款式构思上强调量身定制与个性化制作的重要性。与顾客的沟通环节至关重要，涉及对顾客的身份、年龄、性格特点、气质、体型特征及穿着场合的细致了解，基于此信息进行款式设计。此设计阶段目的在于衬托顾客的独特魅力，实现"三分天注定，七分靠打扮"的效果。款式构思不仅是制衣技艺的基础，也是最核心的环节，要求设计者拥有广泛的社会知识和敏锐的判断能力。在振兴祥，负责款式构思的技师通常需经过3～5年的实践学习，才能独当一面，这也是振兴祥传统制衣规范的一部分。

二、量度尺寸

　　振兴祥在量度顾客身材尺寸时，坚持尊重和细致的态度（图6-22）。在量度过程中，既要求速度快捷又要精确无误，避免拖延和反复比对。为了确保成衣的完美贴合，需要测量多个不同的部位，例如一件标准旗袍就涉及22个主要尺寸和其他参考数据。部分技师通过长期实践培养了准确的目测能力，能在无须尺子的情况下估算顾客的体型，这种能力的培养需要深厚的裁剪基础。

图6-22　包文其为顾客量度尺寸

三、选用面料

　　在面料的选择上，振兴祥考虑多种因素，包括顾客的年龄、体型、肤色、气质，以及所选择的款式和穿着场合。面料的选择不仅涉及材质、颜色和图案，还要考虑其与顾客特点的契合度，确保穿着效果的优雅与舒适。振兴祥的中式服装多采用传统吉祥图案，而旗袍图案则选择范围更广，包括现代水墨画风格的花卉图案等。

四、制版

　　在振兴祥的服装制作过程中，制版环节采纳的是传统手工技术，其中运用的工具包括直尺、曲尺、粉饼、粉线袋等。这一阶段主要依赖工匠多年的经验积累，通常由资深的师傅负责执行。制版步骤在服装的整体制作过程中占据关键地位，其目的是依据客户的体形特征，设计出既优雅又流畅的服装轮廓。这一过程涉及恰当地调整服装的放松与收紧部分，以确保成衣能够完美贴合客户身形，既彰显身体优点又妥善掩饰不足。按照工匠们的经验法则，"过多则显臃肿，不足则显过瘦"。

五、裁剪

裁剪过程包含多个子步骤，如大裁、小裁、锁壳裁和对花裁等，这要求工匠对面料的纹理方向和图案布局有精准的掌握。例如，梅花图案在中式服装中极为常见，一旦颠倒就有"倒霉（梅）"之意。因此，工匠在裁剪时必须牢记这些细节，确保图案的正确放置。裁剪时，首先确定面料的经纬方向及其表里面，接着标记对折线，对花形图案进行精确排列，以保证成衣的图案一致性和美观（图6-23）。在裁剪丝绒面料时，需注意毛绒的方向以避免色差。每次裁剪后，都要对轮廓线以外的缝份和边饰进行适当调整，以适应不同体形，保证服装线条的圆润和整洁。裁剪完成后，需对裁剪的面料进行质量检查，确保无误后方可进入下一步缝制工序。

六、缝制

振兴祥的服装缝制工艺融合了传统手艺与精细技术，其制作过程体现了极高的工艺水平。在缝制过程中，每一步都要求极致的精确，包括针脚的密度、纱线的走向及缝制技法的精湛运用。成品展示出无与伦比的工艺美，服装表面无可察觉的针脚，彰显了手工制作的精细（图6-24）。

振兴祥采用多种缝制技巧来增强服装的美感和实用性：

（1）镶边与嵌线技术。通过添加宽窄不一的色条以及在其上嵌入精细线条，增强了服装的层次和视觉效果。

（2）绲边与宕饰工艺。在服装边缘应用撞色或同色的边饰，以及在关键部位添加装饰条，增添立体感。

（3）盘扣技术。利用缎带创造美丽的图案，通过灌针技术固定于服装上，展现

图6-23 包文其裁剪布料

图6-24 包文其缝制服装

出错落有致的立体美。

（4）勾边、绣花与撞色设计。这些技术增强了服装的细节美，通过精细的装饰手法和色彩对比，提升整体设计感。

这些技法中，盘扣技艺是振兴祥的标志性特色，展示了其对传统纺织工艺的传承和创新。振兴祥的服装不仅是穿着艺术的体现，更是纺织工艺精湛技能的展示。

七、整熨

在服装生产的众多环节中，整熨工序占据着至关重要的地位。此过程不仅是用高温熨斗对服装的不均匀和褶皱部分进行精细加工，更是将传统手工艺与现代技术巧妙结合的艺术展现。整熨在服装制作中的关键性可由一句话概括："制作过程中三分在于缝制，七分依赖于整熨。"强调了整熨在提升服装整体品质方面的核心作用（图6-25）。

（1）小熨。其目的是对细节的精致打磨。小熨阶段主要针对衣物细节的打造，对塑造服装的整体线条与形态起着至关重要的作用。在此阶段，每一片裁剪后的布料都要经过仔细的小熨处理，尤其是对领片、袖口等关键位置的精确整理至关重要。通过硬纸板模型对这些部分进行熨烫，目的是确保它们在缝制后能保持一致的形状与尺寸。同时，对服装边缘和斜势部分的特殊处理，如运用刮糨和牵条技术来维持线条的流畅和防止部位变形，是小熨工艺中的一大亮点。

（2）中熨。其目的是对半成品进行形态塑造。中熨作为服装缝制中的中间步骤，致力于对半成品进行初步的形状定型，保障其在最终成型之前的平整和外观。此阶段特别关注折褶和缝合部分的精细处理。对于那些最终成品难以整熨的区域，例如镶条和嵌线，中熨的预处理尤为关键。此外，"归"和"拨"这两种技巧在这一阶段起到了决定性的作用，它们通过精确控制温度和压力，使面料更加契合人体曲线。

（3）大熨。其目的是全面提升服装造型。大熨作为整个整熨流程的收官环节，旨在对整件服装进行全方位的整熨，以确保其最终的外观平整且造型精美。这一阶段是对前两个阶段工作的综合提升，展现了整熨工艺的精妙技术。如果前期的小熨和中熨做得恰到好处，大熨则会相对轻松；反之，若前期处理不够充分，大熨阶段也难以完全挽回。

在当代的服装制作领域，虽然技术设备不断更新换代，比如引入了自动控温的电子蒸汽熨斗，但传统的整熨技艺依然发挥着不可替代的作用。这些技巧的核心在于长时间的经验累积和手工技艺的传承，尤其是如"归"和"拨"这样的高级技法，它们的精髓在于长期的练习和对技巧的熟练掌握。

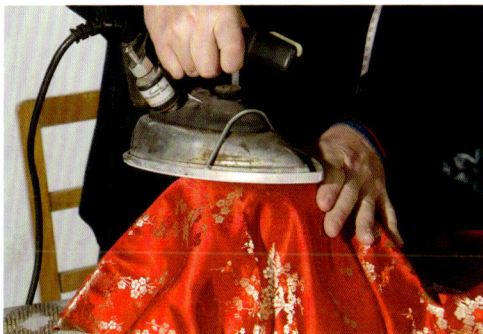

图6-25　包文其熨烫布料

第五节　工艺特征与纹样

一、手工针艺

在传统中式服装制作中，手工缝制技艺占据核心地位，特别是在振兴祥的服装制作中。这种手工针艺以其灵活性和方便性，成为不可或缺的基本技能。其包括多种针法，适应不同的缝制需求和部位，如平针用于多层面料缝合，行针缝适用于受力较小的部位，绕边针和镶嵌缲边针用于边缘固定与装饰，回针和拱针在拉力较大的部位及装饰边缘使用，以及锁边针、斜扎针、杨柳针等专门技法。此外，一字扣绕针、钉纽襻针、一字针、拉线襻针、三角针、套结针和缲针等更是展示了中式服装独特的美学和精湛的手工艺。这些针法不仅凸显了传统服装的细致美感，也体现了手工艺的精深和文化价值。

二、绲边工艺

绲边是一种传统的服装边缘装饰工艺，主要用于增强服装的美观性和实用性。这种技术通常在服装的底边、衩边、门襟、领缘、袖口等部位应用，旨在使服装边缘更加光洁和牢固。绲边的制作需要考虑宽度的一致性、立体感、柔软度等因素，确保完成后无起皱、扭曲或变形的现象。绲边可以用不同材质制作，并可选择明线式或暗线式缝制，通常采用手工完成（图6-26）。

图6-26　绲边云花

三、镶拼工艺

传统中式服装中，镶拼工艺是一种广泛使用的技艺，尤其在振兴祥的服装制作中形成了独特风格。镶拼工艺分为两大类：镶拼和镶边。镶拼主要是利用两种不同面料在服装关键部位拼接，形成衬托或反差效果，旨在增强服装的立体感。镶边则是在服装边缘部位（如门襟、领缘等）缝制一系列镶条，这些镶条通常采用本料或软缎等材料，并可选择撞色或同色系不同深浅的颜色。镶边的制作要领与绲边相似，都需要手工暗针缲定，使表面不露线迹。振兴祥的宫廷旗袍甚至采用"十八镶"工艺，展现了复杂的手工艺术（图6-27）。

（a）三镶一嵌

（b）宽镶边

（c）两镶一嵌

图6-27　镶边样式

四、嵌线工艺

　　嵌线是在服装的合适部位嵌入一条细线的技术，用于增加线条的圆润感和立体感，通过内衬粗细适当的实心线来实现。它分为粗嵌线和细嵌线两种，直径范围0.1～0.6厘米，应用于服装的不同部位。细嵌线通常用于镶条旁边，起到衬托作用；而粗嵌线多用于边缘部位，增强装饰效果并使边缘更挺括。嵌线的材料主要是素软缎或本料，颜色可多样选择，以符合服装设计的协调和撞色需求。嵌线的制作工艺类似于镶绲工艺，但需对内衬的棉线进行预缩处理以保证衣服的平整。制作时，需紧包棉线以确保嵌线的均匀粗细和立体效果（图6-28）。

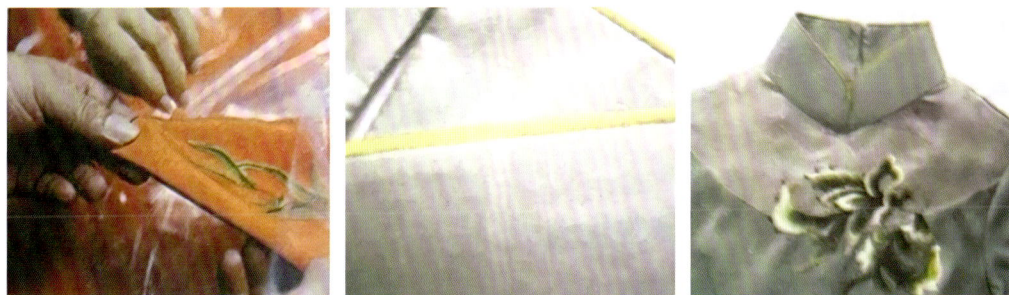

图6-28　嵌线样式

五、宕条工艺

宕条是中式服装制作中一种特殊的饰条，其特点是在服装表面的适当部位，相对边缘一定距离缝制宽窄均匀、线条流畅的装饰条。它与镶条的主要区别在于，镶条紧贴服装边缘，而宕条则独立于边缘，在服装上可以形成平行间隔或各种花样图案。宕条可单独使用或多条结合，宽度通常在0.3～1厘米，材料多为素软缎，也可使用花边或彩色织带。宕条的制作较为复杂，尤其是细宕条。它分为单层和双层两种类型，裁剪时需确保宽度一致，双层宕条因其丰满和立体效果而更受青睐。制作时，要求宽度均匀、线条圆润且流畅。在中式服装中，宕条通常与镶条、嵌线、绲边等技艺结合使用，营造出精致华贵的效果。

所有这些工艺都需保持线条的一致性和平滑，且具有圆润的立体感。制作中特别强调打水线技艺和"归""拨"技法，以确保圆弧转角处的平整和顺畅。振兴祥依然保留着这些专门的传统技艺（图6-29）。

（a）一绲二宕

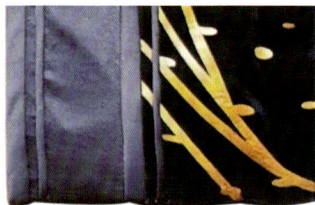
（b）一绲一宕

图6-29 宕条样式

六、盘扣工艺

"盘"是一种在服装表面用缎带回旋缠绕出各种图案的装饰工艺，创造出层次分明的立体感。与宕条平面制作不同，盘饰主要采用立体造型，既可作为独立图案也可用作纽扣。盘扣工艺精细，花样繁多，采用吉祥图案，如龙、凤等，是中式服装装饰中不可或缺的部分。盘扣分为硬花扣和软花扣，无固定尺寸，其扣头制作多样，如蜻蜓纽和葡萄纽等。通常使用素软缎制作，背面涂有糨糊，然后按需裁剪。硬花扣内衬铜线以增强硬度，而软花扣则不衬硬质材料。花扣有单色、双色、多色、立体、实心、空心和填芯等类型，展现丰富的艺术性和工艺技巧（图6-30）。振兴祥的盘扣制作技艺精湛，制作过程复杂且不能有瑕疵。此外，振兴祥还采用钉扣和刺绣工艺，其中钉扣采用暗针手法，而刺绣多为苏绣，用于高档服饰。

图6-30 盘扣样式

第六节　作品赏析

一、西湖十景

中式服装工艺复杂，手工繁重，花纹图案富有立体感，振兴祥的包文其曾和师傅们做出过两组20套西湖十景，分别是老西湖十景和新西湖十景（图6-31、图6-32）。杭州西湖新、老十景通过手绘和造型的方式展现在旗袍上，全部手工制作，做工别致，旗袍外甚至看不到一根明线。

图6-31　老西湖十景

图6-32　新西湖十景

二、奥运会颁奖服装

2008年北京奥运会上,"青花瓷"和"粉色"系列颁奖礼服,是由振兴祥加工制作,让世界友人看到了中国传统服饰的魅力(图6-33)。

青花瓷系列的设计理念源于举世知名的中国青花瓷器,其艺术特色深深植根于这一传统文化瑰宝中。该系列创新地结合了传统的乱针绣技法,精确呈现出青花瓷独具韵味的晕染之美。鱼尾裙的剪裁造型优雅地展现了中国女性独特的柔美曲线,凸显出典雅与精致的融合。该系列作品在国家游泳中心"水立方"、顺义水上公园及青岛等多处举办的水上运动颁奖仪式上广泛应用,彰显其文化与艺术的独特魅力。

粉色系列腰饰采用了传统的盘金绣技术,呈现出精致的宝相花装饰,巧妙塑造出人体的比例。领部设计则凸显了颈部优雅的曲线美。该系列服装的应用场景集中于力量类竞技项目,例如拳击、举重和摔跤等,借助粉色的柔美特质,达到中和比赛中阳刚气息的效果。

图 6-33 奥运会颁奖服装

第七节　传承人专访

为进一步深入研究并继承和创新非物质文化遗产中式服装制作技艺(振兴祥中式服装制作技艺),笔者深入浙江省杭州市调研,并专访了中式服装制作技艺(振兴祥中式服装制作技艺)国家级传承人包文其,以下为此次专访的主要内容。

一、您认为中式服装在年轻人中的接受度是什么样的?

包文其:年轻人现在对旗袍可能还有一个慢慢熟悉的过程。制作一件好的旗袍,

需要好的材料和复杂的手工技艺，这就导致了旗袍的价格不菲。对于很多还在上学或刚工作不久、手头不宽裕的年轻人来说，投资一件可能不常穿的旗袍，似乎不是一个太实际的选择。而且，现在的年轻人追求的是个性和时尚。他们想通过穿着来表达自己的独特性。而传统旗袍，在某些人眼里，可能看起来太古板，不够酷，不容易展示出个人的风格。生活节奏这么快，谁还有心思天天琢磨穿什么呢？大多数时候，年轻人更喜欢穿那种随便一穿就能出门的衣服，比如T恤、牛仔裤，既舒服又方便。旗袍虽然美得很，但一般给人的感觉是得找个特别的场合穿，不像是随便穿穿的类型。

二、您培养传承人的模式是怎样的？

包文其：当时还是成衣铺的时候，收徒弟就不是那么容易的。做徒弟不是说你今天来了，马上就可以教给你，是要三年徒弟，四年伴做。那么三年徒弟期间，第一年就是类似于做家务，等于说是当杂工，只能等有空的时候去偷偷看一下师傅在做的东西。而且师傅也不会全部都交给你，他要慢慢交给你。第二年开始才让徒弟慢慢上手做一些简单的活儿。到第三年也只能是少量伴做，很多技术都是靠自学的，就是师傅在旁边做，徒弟自己领会。所谓四年伴做，就是徒弟去问周围的几个特长不一样的老师傅，但师傅也最多给你点一下。师傅领进门，修行靠个人，大多数还是要靠自己的。

三、您在中式服装的传承过程中遇到过什么困境？

包文其：在改革开放前，大家对旗袍这种东西都不太友好，那时候穿旗袍出门，可能就会被人当成是支持旧社会的标志，惹来一身麻烦。而在改革开放之后，尤其是1986年之前，那时候西方服饰的冲击还不是特别大，不管是内销还是外销都蛮不错的。但之后由于服装的大规模、用机器批量生产，能很快地跟上市场的新潮流，成本也低，很省钱。但我们的旗袍就不一样了，做一件旗袍得手工来，比如那些精细的刺绣，一针一线都得亲手缝，这既费时又花钱，跟西装那些机器隆隆做出来的衣服比起来，竞争就有点吃力了。而现在，那些手艺超好的老师傅们越来越少了，年轻人对老式手工活儿兴趣也不大，这就让很多厉害的手艺，比如传统的缝衣服、绣花这些，都快要没人会了。

四、您制作一件旗袍大概需要多长时间？

包文其：我们全部的服装都是手工做的，就是没有用缝纫机的。像这种衣服如果一个人做的话，一件衣服基本上要有一个多星期。但由于款式的不同，这个也不是绝对的。一个星期只是说普通的款式，如果复杂的款式就不好说了。比如说绣花，我们都是要专门去苏州那边找绣娘。现在我们都是有分工的，比方说有专门做量衣裁剪的，专门做车工的，专门做手工的，这样连接起来，普通的一件衣服也需要五六天。如果是复杂的，制作好几年都是有可能的。

五、您在传承过程中政府都做了哪些支持？

包文其：我们本地政府对这个传承还是非常重视的。比如说非遗传承老字号的认证，政府给予了不少的支持和宣传。包括去参加展销会，很多展位都是免费装修好的。我们11月17日就有一个展销会，政府为了帮我们宣传，特意找了一大批模特，给她们穿上我们精心制作的旗袍去走秀。让更多的人看到咱们的旗袍，感受到这份传统文化的美。

六、您在保护中式服装制作技艺的传承和发展方面都做了哪些工作？

包文其：我们成立了以技师为核心的保护工作领导小组，建立了完善的保护机制。这个机制在组织和制度上都保证了传承工作的顺利进行。我们还寻访了不少老工匠，深入了解他们的绝技，并整理了健康档案，努力延长他们的艺术生命。我们还搜集了很多老式服装、工具和资料，梳理了振兴祥制作技艺的发展脉络，特别是那些易于失传的绝技。对于那些难以掌握的技艺，我还特意培训了一帮年轻人，就怕这手艺断了根。我还搞了个中式服装技艺研讨会，就是为了研究那些老师傅的高招，甚至把一些快消失的老技艺给找回来了。这些技艺不光保住了，还用在了我们的生产上。我们还通过举办展览会、服装表演、出版专业书籍等多种方式来推广我们的技艺，还筹备建立振兴祥中式服装制作技艺展示馆。为了进一步提升品牌影响力，我积极申报各级中华老字号，已成功被认定为杭州市和浙江省的老字号企业，现在还在争取国家级老字号的认定。

第八节　传承现状和对策

一、传承现状

振兴祥中式服装制作技艺代表着我国在传统服饰领域的文化遗产之一，它不仅承载着深厚的历史文化价值，而且展示了传统手工艺的精湛技艺。这种技艺在国内的保存情况比较全面，反映了中国古代服饰文化的丰富多样性和精细工艺。然而，面对现代化的冲击和工业化生产方式的普及，这种传统的服装制作技艺正面临严峻的挑战。为进一步加强保护，责任单位进行了全面的摸查，目前其存续状况大致如下。

1. 时尚变迁——中式服装业的逆境

在民国时期，这些传统服饰在杭州人的日常生活中占据着主导地位。杭州，作为一个历史悠久的文化名城，其传统服装业也因其精细的手工技艺和独特的文化内涵而闻名。那时，从成衣铺的定制到合作社的小规模生产，都体现了一种与农业社会相联系的半工业化特色，这种生产模式使得每件服装都具有独特的民族风情。

然而，随着改革开放的深入推进，杭州迅速成为中国东南沿海的经济发达城市之一。这个过程中，西方的文化和技术如潮水般涌入，现代化的生产方式和西方的服装文化开始对传统中式服装业造成冲击。化纤面料的普及、机器制衣的兴起，以及更加注重效率和成本的生产模式，使得传统中式服装在市场上逐渐失去了优势。这种变化不仅体现在生产方式上，更深刻地影响了杭州乃至整个中国社会的着装习惯。传统的中式服装，如旗袍、长衫等，逐渐从人们的日常生活中消失，取而代之的是更加现代、时尚、实用的西式服装。这一转变，反映了中国社会在经济、文化等多个层面的快速变迁。

进入21世纪，全球化和市场经济的发展给传统中式服装业带来了更大的挑战。由于原材料成本的上升和市场竞争的加剧，传统服装的生产成本不断增加，市场份额不断缩小。高质量的丝绸、织锦缎等传统面料的减少，更是让中式服装的制作面临困难。在这种情况下，杭州的中式服装业不仅在与其他现代服装品牌的竞争中处于劣势，甚至连基本的生存都面临着挑战。

2. 传统技艺传承——现代挑战下的危机

在过去，成衣铺和传统加工企业是振兴祥中式服装制作技艺传承的主要场所，师傅通过徒弟制来传授技艺。但现在，随着教育模式的变化和现代职业的多样性，越来越多的年轻人选择接受全日制教育，从事现代行业，对传统技艺的学习兴趣逐渐减弱。这一转变直接影响了中式服装制作技艺的传承和发展。

此外，振兴祥中式服装制作不仅工艺复杂、耗时长，而且收入相对较低。制作一件传统的中式服装通常需要3～5天的时间，这种耗时费力且收入有限的工作，对于追求效率和物质回报的现代年轻人来说，并不具有吸引力。这种情况导致了中式服装制作技艺后继乏人。

与此同时，制衣师傅们大多年事已高，体力和健康状况的下降进一步限制了生产能力和教学能力。在市场需求不断下降的同时，生产效率的降低使得振兴祥的经营更加困难，进一步加剧了产销"双冷"的局面。特别是在20世纪90年代至21世纪初，许多经过长时间培养的学徒选择离职，转而从事其他行业，这使振兴祥中式服装制作技艺的传承问题更加严峻。

3. 审美演变——传统中式服饰的挑战

随着时代的进步，全球化和信息化的浪潮深刻影响了人们的生活和审美观念。现代社会强调个性表达和时尚元素，追求新颖、大胆和自我表达的风格。这种审美的转变与传统的含蓄、典雅、精致的审美观念形成了鲜明的对比。中国传统服装，如旗袍、长衫等，自古以来就充满了深厚的文化底蕴和历史意义。这些服装的色彩、

125

纹样、工艺和款式不仅是艺术的展现，也是社会等级和政治地位的象征。在古代社会中，服装往往是人的身份和地位的直接体现，人们通过服装来表达自己的社会角色和地位。

然而，在现代社会中，随着个性化和自我表达成为主流，传统中式服装的这一特点渐渐变得与时代脱节。现代人更倾向于选择能够展现个人风格和生活态度的服装，而非传统意义上的等级象征。这种审美和文化观念的转变，使得传统中式服装在市场上的吸引力大大减弱，甚至被视为过时和不合时宜。

此外，随着生活节奏的加快和生活方式的多样化，人们对服装的功能性和舒适性要求也在提高。相比于现代服装的轻便、实用和舒适，传统中式服装在某些方面显得不够符合现代生活的需求。因此，传统中式服装在现代社会中的市场地位进一步受到挑战。

二、传承对策

保护振兴祥中式服装制作技艺的重要性不仅在于其作为一种濒临失传的传统技艺的价值，更在于其所代表的深厚文化内涵和鲜明的民族特色。这种技艺是中国服装文化的重要组成部分，它反映了中国历史的丰富多样性和独特的审美观念。杭州利民中式服装厂，作为振兴祥中式服装制作技艺保护工作的核心机构，肩负着保护祖国优秀传统文化的使命。为了有效地推进这一保护工作，杭州利民中式服装厂已经建立了以振兴祥技师为中心的保护工作领导小组。该小组的成立标志着保护工作的专业化和系统化。通过建立一套完善的保护机制，该厂确保了保护工作的责任分配清晰、分工明确、运行规范，并且执行严格的考核制度。这一系列措施有助于有效地保存、传承并推广这一传统技艺。

1. 做好振兴祥中式服装制作技艺资料的搜集与整理工作

为保护和振兴祥中式服装制作技艺，深入的调查与研究至关重要。这包括拜访仍在从事此艺术的老工匠，这些匠人不仅是技艺的活体传承者，也是连接过去与现在的桥梁。他们手中的老式服装、传统工具和历史资料，是学习和理解振兴祥技艺的宝贵资源。此外，系统地整理振兴祥技艺的发展历程并建立全面的资料库，对于保存和传承这门技艺至关重要。通过出版专著和教材，这种艺术可以更广泛地向公众，尤其是年轻一代传播。筹建振兴祥中式服装展示馆也是一个关键步骤，它不仅展示历年的杰出作品，还生动呈现了这一技艺的历史和发展。这样的展示能够激发公众兴趣，并增强对这门传统技艺价值的认识和尊重。

在技艺保护方面，特别需要强调的是对振兴祥的关键工艺流程和独特手工技艺的抢救、整理和保护。这包括款式构思、量度尺寸、选用面料、裁剪、缝制、钉扣、整熨等工艺流程，以及包括镶、嵌、绲、宕、盘、钉、勾、绣在内的八种手工技艺。特别是盘扣技艺，作为一种独特且复杂的手工艺，其传承和发展尤为重要。

2. 恰当推进传统中式服装文化的保护及其发展

在新时代的发展浪潮中，重视文化内涵并提高传统服装的附加值显得尤为重要。中国丰富的传统艺术从国画、京剧到剪纸，都为服装设计提供了无穷的灵感。要想在当今时代推广和扩大传统服装文化的影响力，关键在于捕捉并展现传统文化的真谛。

市场趋势显示，在传统服装中，婚庆礼服的受欢迎程度最高，而其他品类的接受度相对较低。这一现象反映了传统服装在实用性和功能性方面的局限。手工艺者需要着眼于创造既舒适又适合日常穿着的服装，将东方美学与现代设计理念巧妙融合。

当前市场数据进一步揭示了挑战的所在：只有2.5%的消费者对传统服装的时尚感持肯定态度，而认为传统服装品牌具有创新性的消费者仅有10.9%。这种观感不仅影响了传统服装的销售，也指出了未来发展的方向。为了重塑传统服装在消费者心中的形象，加强设计创新能力，对传统元素进行现代化的再创造成为关键所在。通过这种方式，传统服装不仅能在现代市场中站稳脚跟，还能成为传承文化的强有力载体。

3. 基于传统保护，扩展服装发展的新视角

中式服装的款式造型、装饰手法和服装面料构成了其与西式服装的独特差异。当将西方款式、现代装饰元素或现代面料融入中式服装设计时，便形成了独特的中西融合风格。这种融合越深入，西方特色在服装中的体现就越明显。

中国的传统服装不仅仅局限于旗袍和唐装，还包括袍、袄、衫、裤、裙等多样化的款式。在继承这些传统的同时，服装研究者和设计师们面临着一个重要任务：创新设计，以符合现代人的穿着需求。这包括开发适合各种场合的中式服装，如礼服、日常服饰、休闲装和家居服等。只有品种丰富、种类齐全，中式服装才能真正满足多元化的消费需求，从而发展和壮大。

4. 致力于培育新一代传承者

在当前中式服装制作技艺面临的逆境中，培养年轻的传承人至关重要。政府可以起到关键的引导作用，通过与杭州的职业技术学校合作，设立专门的课程，培养中式服装制作的技艺传承人。这些学校不仅提供理论教学，更重视实践技能的培养，确保学生能够在毕业后直接投入实际工作中。

这些年轻的传承人将在利民中式服装厂中得到进一步的专业指导和实战经验积累，通过师徒制、工作坊等形式进行深入学习。他们将在这个过程中学习到振兴祥中式服装制作的各个环节，从选料、裁剪到缝纫和装饰，全面掌握这门技艺。这样的培养方式不仅使他们能够继承传统技艺，还能够在现代社会中发展和创新。

第七章

余杭清水丝绵

余杭清水丝绵，源自中国江南，是一种由蚕茧精心制作的天然保暖纺织品。其历史悠久，深受当地百姓的青睐。这种丝绵的独特之处在于其质地洁白与柔和，以及其轻盈而卓越的保暖性能。它的产生和发展与江南地区传统的蚕桑丝织生产息息相关，其技艺和文化内涵是在桑蚕生产的基础上，经过长期的演变和提炼形成。

余杭清水丝绵制作技艺于 2008 年 6 月被国务院列入第二批国家级非物质文化遗产代表性项目名录（表 7-1）。2009 年，该技艺又作为"中国蚕桑丝织传统技艺"的一个子项目，被联合国教科文组织列入"人类非物质文化遗产代表作名录"。2018 年 5 月，俞彩根被认定为国家级非物质文化遗产代表性项目"蚕丝织造技艺（余杭清水丝绵制作技艺）"的代表性传承人（图 7-1）。

表 7-1　余杭清水丝绵项目简介

名录名称	蚕丝织造技艺（余杭清水丝绵制作技艺）
名录类别	传统技艺
名录级别	国家级
申报单位或地区	浙江省杭州市余杭区
传承代表人	俞彩根

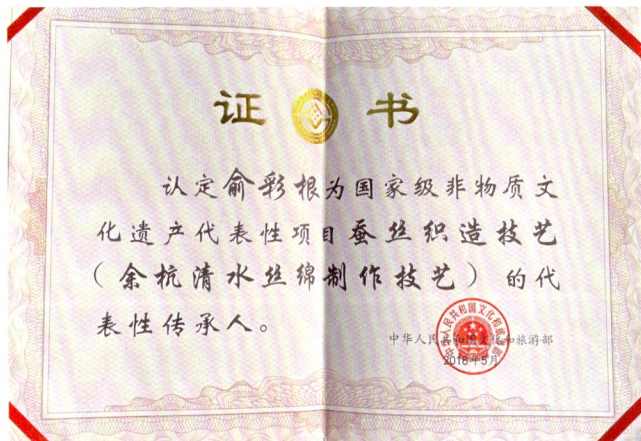

图 7-1　蚕丝织造技艺（余杭清水丝绵制作技艺）代表性传承人证书

第一节　起源与发展

一、蚕丝织造技艺（余杭清水丝绵制作技艺）的起源

余杭清水丝绵的早期生产主要依赖家庭单元，其中女性承担主要的制绵工作，男性则提供辅助。初期的生产规模较小，源于蚕农家中适于制绵的次品茧数量有限。随着时间的推移，这种生产方式逐渐演变成"伴工作"模式，类似于现代的互助组织。

在此模式下，邻里间互相协助，实现劳动力的优化配置，显著提高了生产效率。此种方式因其轻松愉快的工作氛围，深受当地蚕妇的喜爱。

宋代，浙江上调的丝绵中，余杭产的清水丝绵就占据了全国上调量的三分之二以上。进入清代，余杭清水丝绵的声誉达到了一个新高度。康熙年间，其精细的工艺和优异的品质使其远销日本，成为中日文化交流的重要载体。到了清代末期，余杭清水丝绵的生产进一步发展，演变为家庭小作坊模式。这一转变标志着清水丝绵生产的商业化和规模化初步形成。一些具有前瞻性的商人开始聘请农村妇女，在家中设置工场，专门生产清水丝绵。1910 年，随着南洋劝业会的举办，余杭清水丝绵再次成为焦点。这次博览会是中国历史上首次由官方主办的国际性展会，其规模之大、影响之广前所未有。余杭清水丝绵在会上展出，其洁白柔软的特性受到了国内外商家的广泛好评，赢得了大奖，1929 年的西湖博览会进一步证明了余杭清水丝绵的卓越地位。特别值得一提的是，余杭县城有一位姓苏的商人，他凭借对当地水质优势的深刻理解，在通济桥附近开设了丝绵作坊。此举不仅推动了清水丝绵的质量提升，还使该作坊的产品在南洋劝业会上获奖。

民国时期，随着丝绵需求的增加，余杭地区的丝绵作坊数量显著增多。据历史资料记载和老年人口述，当时的余杭、塘栖、临平等大镇均有商家开设丝绵作坊。其中，苏晋卿家的丝绵作坊最为著名，这家作坊是前述苏姓商人的后代所继承和发展的，其制作的清水丝绵在西湖博览会上获得特等奖。

二、蚕丝织造技艺（余杭清水丝绵制作技艺）的发展

余杭清水丝绵，这一中国江南地区的传统手工艺品，自宋代起就以其精良的品质被选为贡品，反映了其在当时丝绸产业中的重要地位。

中华人民共和国成立后，余杭丝绵生产迎来了快速发展期。1965 年，57 名女职工成立了余杭镇孙家弄濒苕溪的丝绵加工厂，产品远销江浙沪地区。至 20 世纪 90 年代初，该加工场发展成杭州市余杭丝绸厂，除缫丝织绸外，继续生产传统名产清水丝绵。然而，由于市场竞争和传统丝绵效益下降，该厂最终停产。类似地，在塘栖地区，20 世纪 60 年代末至 70 年代，一些女工组织起来，在水北开设了丝绵加工场，生产"红牌清水丝绵"，但也因经济效益不高而于 90 年代初歇业。

尽管工业化生产逐渐衰退，但在民间，家庭制作清水丝绵的传统一直持续。这些家庭主要为了自身需求生产丝绵，制作技艺在家庭内部母女或婆媳间传承。20 世纪 80 年代以前，养蚕家庭普遍从事丝绵制作。然而，随着蚕桑生产效益的下降，养蚕户数量不断减少，导致丝绵生产也日渐减少。当前，仅塘栖镇丁河村等少数地区仍有农户从事作坊式的清水丝绵生产。

为了保护余杭清水丝绵制作技艺项目，余杭区政府构建了"多元＋立体"保护机制，推进"效益＋活力"发展模式，促进"非遗＋旅游"融合发展。余杭区文化和广电旅游体育局构建了年度考核、培训宣传、社会参与和部门协调等机制，扩大项

目的传播范围和推广力度。余杭区政府每年投入超过 30 万元,激发蚕农种桑养蚕的积极性,并将龙光桥廿四度自然村确立为蚕桑丝织文化保护实验区的核心区,同时,对余杭清水丝绵制作技艺国家级传承人俞彩根传承作坊进行改造升级,吸引更多人加入传承队伍,优化传承人群年龄结构,尝试开展线上线下相结合的销售模式,邀请相关企业和设计师开发衍生产品和文创产品,促进蚕农和丝绵制作农户增收。与此同时,推出蚕桑文化风情游,以塘北村为基地,现场展示缫土丝、余杭清水丝绵制作技艺等非遗项目,吸引了大量游客前来观看。积极组织清水丝绵项目参加各类展览活动、制作技艺大赛及新闻媒体采风活动等,影响进一步扩大。

三、蚕丝织造技艺(余杭清水丝绵制作技艺)的传承

余杭清水丝绵制作技艺的传承人,较有代表性的是俞彩根。俞彩根制作丝绵技艺出众,多次获得各项荣誉和大奖。

2009 年 2 月,被认定为浙江省非物质文化遗产(余杭清水丝绵制作技艺)代表性传承人。

2009 年 9 月,参加首届中国(浙江)非物质文化遗产博览会,获展览奖。

2010 年 1 月"中国蚕桑技艺遗珍展"在位于杭州的中国丝绸博物馆隆重开幕,余杭清水丝绵项目不仅参加了此次展览,俞彩根还作为传承人代表为展览剪彩(图 7-2)。

2011 年 4 月,俞彩根参加"2011 中国(浙江)非物质文化遗产博览会",获优秀展览奖。

2011 年 7 月,浙江外国语学院 9 名大学生志愿者到俞彩根的作坊做暑期调查,俞彩根详细介绍了清水丝绵的制作程序,展示了制绵技艺。

2013 年 6 月,俞彩根参加第二届中国非物质文化遗产保护·余杭论坛现场展示活动。

2018 年,俞彩根被认定为国家级非物质文化遗产代表性项目"蚕丝织造技艺(清水丝绵制作技艺)"的代表性传承人。

图 7-2　俞彩根参加中国蚕桑技艺遗珍展

表 7-2 列出了俞彩根老师所获的部分荣誉。

表 7-2　俞彩根老师所获的部分荣誉一览表

获得时间	颁奖单位	奖项说明	证书展示
2009 年 6 月	杭州市余杭区文化广电新闻出版局	被评定为第一批余杭区非物质文化遗产（余杭清水丝绵制作技艺）代表性传承人	
2010 年 6 月	杭州市文化广电新闻出版局	被评为第二批杭州市非物质文化遗产项目代表性传承人	
2012 年 6 月	杭州市余杭区文化广电新闻出版局	参加 2012 年余杭非遗保护月·余杭民间手艺达人会，被评为展示奖	
2014 年 6 月	塘栖镇人民政府	被授予"塘栖文化发展贡献奖"荣誉称号	
2021 年 12 月	杭州市拱墅区文化和广电旅游体育局 杭州市余杭区文化和广电旅游体育局 杭州市临平区文化和广电旅游体育局	荣获"迎亚运盛会，融多彩非遗"大运河文化传承生态保护创建区传统工艺大赛特别奖	

表 7-3 列出了蚕丝织造技艺（余杭清水丝绵制作技艺）的传承谱系。

表 7-3　蚕丝织造技艺（余杭清水丝绵制作技艺）的传承谱系

姓名	性别	出生年份	所在地域	职业	与俞彩根关系	传承关系
俞阿南	女	1924 年	丁山河村	务农	母亲（已故）	上一代
俞琴玉	女	1926 年	丁山河村	务农	姑妈（已故）	上一代
王杏南	女	1911 年	丁山河村	务农	婆婆（已故）	上一代
俞彩根	女	1949 年	丁山河村	务农	本人	
俞小平	女	1970 年	丁山河村	务农	大女儿	下一代
俞利平	女	1971 年	丁山河村	务农	小女儿	下一代
陈群英	女	1982 年	丁山河村	务农	儿媳妇	下一代

第二节　风俗趣事

一、蚕妇与"丝绵"诞生

很久以前的一年冬天，天气特别冷，塘栖有个蚕妇因家里穷，没有过冬的棉衣，突然想起家中墙角还有一堆缫丝剩下来的双宫茧。她想，茧子缫成丝可以做衣服，如今这双宫茧虽然不能缫丝，但它的丝条仍在，把那些丝条扯起来，说不定也能起到保暖的作用。想到这里，她便把那些茧子放到锅里去煮，煮透后挖出蚕蛹，把茧子一个个扯了开来。茧子的丝条很韧，她扯呀扯呀，越扯越像棉花。蚕妇高兴极了，一口气将茧子全都扯成了丝片，然后又将丝片当作棉花翻在衣服里，做成了棉衣。想不到这些茧子扯成的丝片虽然很薄竟比棉花还保暖。她开心极了，逢人就说自己的这一"创举"。邻居们大受启发，养蚕人家谁没有一些缫丝剩下来的次品茧呀，于是左邻右舍竞相仿制。由于这样的丝片像棉花一样，又是丝质的，人们便把它叫作"丝绵"。

二、余杭清水丝绵的温暖艺术与百年嫁妆情

由于余杭清水丝绵精巧的手工技艺及其所蕴含的人文价值，人皆爱之其洁白如玉，爱其柔软如云，爱其温暖如火，爱其绿色环保。每年秋冬季节，江南的家庭便忙碌于制作丝绵被、丝绵袄、丝绵裤，这已成为乡村生活中的一道美丽风景。当地有一习俗，家中女儿出嫁时，娘家会制作多条丝绵被作为陪嫁，这一传统已延续百余年。这些丝绵制品不仅是温暖的象征，也代表着对女儿未来幸福生活的祝福。

三、蚕神崇拜与传统蚕业的交融

在过去的乡村生活中，蚕神被视作主宰蚕丝收成的神灵，因此，乡民们深深地敬

奉蚕神，期待蚕神能赐予丰收，形成了一系列"拜蚕神"的民俗活动。每逢蚕神菩萨的生日，也就是农历腊月十二，蚕农们在家中设立祭坛，供奉蚕神的象征物，然后进行祭祀，祈求来年的丰收。此外，每年农历三月初三，五常地区的蚕王庙会吸引四邻八乡的蚕农前来参加，祭拜蚕神。塘北村的蚕神信仰至今仍然延续，虽然现代科技已经深入蚕业生产，但传统的影响力依然存在。无论在公共空间还是在家庭中，蚕神祭拜活动都是重要的一部分，这体现了人们对蚕桑生产的尊重和对丰收的期待。蚕神信仰将传统与现代紧密相连，成为群体情感的纽带，也是乡村文化的重要组成部分。

第三节　制作材料与工具

一、制作材料

　　丝绵的生产源于蚕桑业的一个重要环节——蚕丝的获取。在这一过程中，不是所有蚕茧都能成为优质的缫丝原料。由于自然条件、养殖技术或其他外界因素的影响，蚕茧中有相当一部分会因形态不规则、结构松散或被病害侵袭等原因而被归类为次品茧。这些次品茧包括双宫茧（两条蚕共同结成的茧）、穿孔茧（茧体被穿透）、乌头茧（茧色变暗）、黄斑茧（茧体出现黄斑）、污烂茧（茧体受到污染而腐烂）、搭壳茧（茧体结构不完整）等。

　　在传统观念中，这些次品茧由于丝绪交错复杂，无法被直接用于缫丝机进行高质量丝线的生产，往往被认为是生产过程中的"废物"。然而，蚕农们凭借着对蚕的深厚情感及对自然资源的珍惜，开发出了将这些看似无用的次品茧转化为有价值产品的方法——制作丝绵。丝绵保持了蚕丝的天然特性，如良好的保暖性、透气性和柔软性，完全不添加任何化学物质，是一种纯天然、环保的保暖材料。蚕农会从次品茧中挑选出适合制作丝绵的原料，通过特定的加工处理，使茧丝松散开来，形成蓬松的丝绵结构。这一过程不仅提升了蚕桑副产品的经济价值，也减少了农业废弃物的产生。

二、制作工具

　　余杭清水丝绵的制作流程展示了深厚的传统手工艺文化和对工艺细节的极致追求。这种丝绵以其纯净自然、细腻柔软的特性著称，生产完全依赖工匠的手工操作，彰显了人与自然和谐共处的哲学思想。工匠们利用简单工具，如布袋和竹弓（绵扩），处理丝绵，这些工具虽简单，却对完成丝绵的质量和特性至关重要，体现了工匠的精湛技艺。

　　布袋用于存放和转移丝绵，竹弓用于拓展和整理丝绵，保证其均匀蓬松。即使生产逐步作坊化，余杭清水丝绵的制作依然保留了其传统手工艺的本质。作坊化生产没有引入现代机械设备，而是继续依赖工匠技巧和传统工具。这种生产方式维持了清水丝绵的传统特性和独特文化价值。此外，工匠使用个人生活用具作为生产工具，这种传统工艺与生活方式的结合，展现了余杭清水丝绵文化的独特魅力。

制作清水丝绵大致要用到以下工具：

1. 布袋

制作丝绵的过程始于煮茧这一关键步骤，而布袋在此过程中发挥着核心作用。这些专为装载茧子而设计的布袋，由原色白布制成，无染色处理，以保证茧子在煮制过程中不受任何染料污染，从而确保最终丝绵产品的纯净与高品质（图7-3）。布袋的尺寸精心设计，长约一尺，宽约半尺，正好适合装入一斤半到两斤的茧子。然而，随着时间的推移，原色白布的生产已逐渐停止，这对丝绵生产作坊影响很大。作为应对措施，一些作坊开始采用网袋作为替代方案。尽管材质和外观与传统的原色白布袋有所不同，但网袋依然能够有效完成其任务，即保护茧子在煮制过程中不受污染。

2. 铁锅

在传统的清水丝绵制作过程中，铁锅扮演着至关重要的角色。这一工艺的起始步骤是将茧子放入铁锅中进行煮制，目的是通过热水溶解茧子表面的丝胶，进而使茧层松弛，便于后续用手工剥离茧丝。在早期，清水丝绵的制作多为家庭小规模操作，由于生产频率不高且量不大，家庭通常使用日常烹饪的铁锅来煮茧，没有专门的工具。随着时间的推移，清水丝绵的制作逐渐从家庭手工作坊转向了规模化生产。如今，为了适应生产量的增加和生产的常态化，专业的清水丝绵作坊配备了专用的大型铁锅。这些铁锅不仅体积更大，以满足更高的生产需求，还设计了专用装置，如在铁锅上安装特制的木桶（图7-4），以便一次煮制大量茧子。

图7-3　布袋

图7-4　铁锅木桶

3. 木盆

剥丝绵时要用到木盆。木盆是一种重要的工具，用于剥茧和制作小兜。过去，木盆是家家户户常见的生活用品，大小不一，而在清水丝绵的生产中，这些木盆被用来盛放煮透且经过清水漂洗的茧子。制作时，工人会在木盆上放置一块小木板，用作剥茧的操作台。尽管早期人们倾向于使用家中现有的木制脚盆，且通常选择较大的盆以便操作，但随着时间的推移，即便是作坊化生产，传统的木盆仍然被用于这一过程。然而，随着现代化的发展和材料的变迁，木盆变得不那么常见，一些人开始采用塑料盆（图 7-5）作为替代品。

4. 缸

缸，作为一种大型陶制容器，曾是江南地区家庭常见的用品，用于存放米和水，因此有水缸和米缸之分。在制作清水丝绵的过程中，特别是在"做大兜"这一阶段，需要使用到小水缸以便于操作。虽然有些人选择使用木盆进行这一步骤，但由于木盆较低，操作者需蹲下进行工作，常常需要借助凳子来提高盆的高度，操作方便。相比之下，小水缸由于其较高且深的设计，能够盛装更多的水，从而使操作过程更加便捷。因此，在进行"做大兜"操作时，使用水缸更为普遍（图 7-6）。

图 7-5　塑料盆

图 7-6　水缸

5. 竹竿

竹竿在清水丝绵生产中用于晾晒丝绵。丝绵需绞干后串挂于竹竿上晒干，之后方可成为最终产品。早期家庭小规模生产时，由于产量有限，通常使用家中晾晒衣物用的竹竿。随着生产转向作坊化，对于专门用于晒丝绵的竹竿需求量增大，因此作坊会专门配备足够的竹竿以满足生产需要。

6. 绵扩

绵扩，也称为"竹弓"，是制作清水丝绵过程中的专用工具（图 7-7）。它由蚕农定制，制作方法是取一段约两尺长的竹片，削成约 1 厘米宽的薄片后弯成弧形，并用另一根竹片固定在下方，形成一个半圆形的竹框。在使用时，绵扩被放置在盛水的缸中，有时下方会吊一个坠子以保持其在水面上平稳浮动。

在余杭地区，尽管制作清水丝绵的其他工具各不相同，主要依靠就地取材，形状和大小不一，但依靠人们的技巧，制作出来的清水丝绵品质却能保持一致。

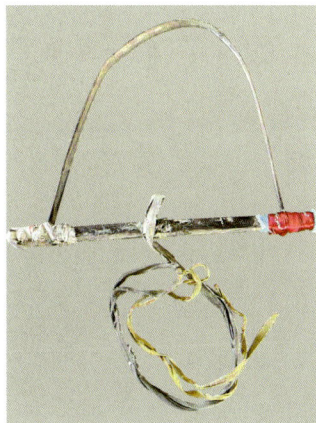

图 7-7　绵扩

第四节　制作工艺与技法

　　清水丝绵的制作在余杭地区的各个蚕乡广泛进行，其中余杭镇和塘栖镇的生产最为盛行。这一手工艺品的制作技艺强调"清、纯、匀"三个原则：使用清水以确保丝绵的洁白，保持绵质的纯净无杂质，在制作过程中要求兜的厚薄均匀。清水丝绵的生产工序包括分选茧、煮茧、冲洗、剥茧做小兜、做大兜和晒干等几个步骤，这些步骤相互依赖，每一个环节的处理都直接影响到最终产品的质量。

一、选茧

　　历史上，丝绵主要由无法缫制成丝线的次品茧制作而成。这些次品茧的产生有多种原因，如两条或多条蚕共同结成一个茧，形成所谓的双宫茧或同宫茧。这类茧体积较大，但内部的丝条纠缠不清，缺乏可用于缫丝的连续性，从而使这些茧不能用于传统的丝线生产。除了双宫茧外，还有穿孔茧、乌头茧、搭壳苗和烂污茧等多种类型的次品茧，这些都因为各种缺陷无法被缫丝，因此被归类为次品。蚕农便将它们用于清水丝绵的生产。

　　随着时间的推移，家庭级的丝线缫制活动减少，人们不再普遍从事缫丝工作。在这种情况下，养蚕的家庭偶尔会利用卖茧时剩余的次品茧来制作一些丝绵，而专业的丝绵作坊则通过直接向缫丝厂购买次品茧来生产丝绵。

二、煮茧

　　在制作清水丝绵的过程中，煮茧是一项关键的步骤。首先需要准备一批原色粗布小口袋，这些袋子的设计尺寸应能够容纳两斤左右的茧子。装好茧子并将袋口扎紧后，将这些装有茧子的袋子放入大铁锅中进行煮制。根据《天工开物》的记载，明代的煮茧方法是使用稻灰水，但现代的方法已有所变化。煮茧时，需要将水加至与茧面齐平，并根据锅的大小及茧的数量适量加入老碱和香油，通常每个锅子需要加入二两老碱和两汤匙香油，以促使茧层发松，便于剥离。

　　煮茧的主要目的是溶解茧中的丝胶，让茧层变得松软，这一步骤对火候的控制十分严格，需要旺火快煮约1小时。经过充分煮制，茧子中的丝胶基本溶解，茧层开始发松，达到了预期的效果。完成煮制后，将其连同袋子一起拿到河边进行冲洗，以去除茧子上的碱性物质和其他杂质，为后续的剥茧和丝绵制作过程做好准备。

三、冲洗

冲洗茧子是体力劳动，通常由家中的壮年男性负责。这一步骤至关重要，因为煮茧过程中加入的老碱和蛹油如果未能彻底清洗干净，将直接影响丝绵的质量。操作时，人们将装有茧子的布袋带到河边，放在石阶上，通过脚踏和手搓的方式，边踏边冲，反复操作以确保茧中的碱水和蛹油被完全挤出并清洗干净。冲洗完毕后，将茧子从布袋中取出，放入大盆或脚盆中，再进行清水漂洗，以进一步确保茧子的清洁，此后茧子便可用于扯绵兜（图7-8）。

图 7-8　冲洗

清洁的水源是保证丝绵洁白的关键。历史上，余杭狮子山山麓的狮子池就是著名的水源之一。狮子池的水质清澈见底，源自天目山，飞流直下的天目山水撞到狮子山后回旋结穴，经过山水的自然过滤，水质极佳，适合用于丝绵的制作。狮子池成为周边乡民取水制作丝绵的重要地点，其周边因而非常热闹。《嘉庆余杭县志》中也有关于狮子池水质对丝绵质量影响的记载："以其水缫丝（含制绵）最白，且质重云。"强调了其清水丝绵的洁白和质地的重要性。此外，南君溪上的通济桥下水和塘栖泗水庵的龙泉水、井水也被用于丝绵生产，体现了优质水源对丝绵洁白度的重要影响。

四、剥蚕做小兜

在清水丝绵的制作过程中，冲洗完的茧子被一些注重细节的制作者用清水浸泡一夜，这是为了进一步确保茧子的清洁，为下一步的"做小兜"做准备。"做小兜"（图7-9）和"做大兜"是制作清水丝绵中技术要求较高的环节，丝绵的纯净度和均匀度主要取决于这两个过程的操作水平。在整个生产过程中，男性通常负责装袋、煮茧、冲洗、晾晒等辅助性工作，而核心技术环节"做小兜"和"做大兜"则主要由妇女承担。

"做小兜"的操作过程包括将冲洗干净的茧子倒入木盆中，盆上置木板，盆中加入清水，妇女们围绕盆边开始剥茧。这一过程需要操作者保持大拇指的指甲干净剪净，技艺精湛地从水中捞出茧子，逐一剥开，去除蚕蛹，然后用双手将茧子均匀扯大，通过先横扯后竖扯的方式，使茧子均匀扩展。这样操作直到手上套满四颗茧子，然后将其除下，并将其放置在木盆上方的木板上，至此完成了"小兜"的制作。

图 7-9　做小兜

五、做大兜

"做大兜"在清水丝绵的制作中占据着核心地位（图7-10），这一步骤需要技艺高超的工匠来完成，体现了丝绵制作的高度技术性和艺术性。在"做大兜"时，工匠通常使用小水缸作为操作平台，在缸上安装一个绵扩，绵扩下方挂一个坠子以保持其在水面上的稳定。制作过程中，工匠首先拿起"小兜"，通过双手的横扯和竖扯动作，将丝绵绷紧到绵扩上，以确保其均匀铺展。随后，工匠需要精细地扯开丝绵，使其均匀分布于绵扩上，同时注意扯薄边缘，敲掉生块并清除所有杂质。根据丝绵在水中的厚薄，一般会连续绷上3~4个"小兜"后再取下，形成一个无杂质、厚薄均匀的"大兜"。

"做大兜"是《天工开物》中所述的"上弓"操作，是保证丝绵质量的关键环节，要求操作者具备快速准确的动作和对水中丝绵厚薄的敏感判断。随着丝绵生产从家庭手工作坊向作坊化生产的转变，人手变得更加充足，从而使得"做小兜"和"做大兜"能够同时进行，形成了更为高效的系列化生产模式。

图7-10 做大兜

六、晒干

"大兜"做好后，便可脱下绵扩用双手将水绞干，放在一边，五个一堆码放整齐。然后把绵扩放在凳子上，将绞干后的"大兜"甩松，在绵扩上套一下，使其成型，再取出来挥挺，分左右两堆斗角堆放。最后用针线将这些绵兜的对角处串起来，一串串地挂在竹竿上晒，晒干后便是丝绵的成品（图7-11）。

图7-11 晒干

第五节　工艺特征与纹样

一、打绵线

打绵线是余杭蚕乡一项传统的手工艺（图7-12），主要用于将丝绵加工成绵线，用作织造细绵绸的原料。旧时，蚕乡的妇女普遍掌握这一技能，以夏秋季节为最佳打绵线时机，因为这时手上的油汗使捻动园子杆更为容易，相比之下，春冬季节手指干燥，操作困难。

打绵线的场景通常布置在风凉之处，如门框、饭桌或直接插在腰间，是一种社交与劳作相结合的生活方式。妇女们边聊天边工作，既维护了社区的联系，又提高了生产效率。此工艺所需工具主要包括园子杆和绵线杆。园子杆，类似筷子大小的竹竿，上串铜钿以增加重量，设计有空心圆眼以便绵线旋转；而绵线杆则是用梅树细条削成的长约120厘米的木棒，光滑，上有红油漆，一端装有铜丫杈，用于架绵絮。打绵线过程中，操作者通过熟练地捻动园子杆和牵引绵线，将丝绵转化为绵线。

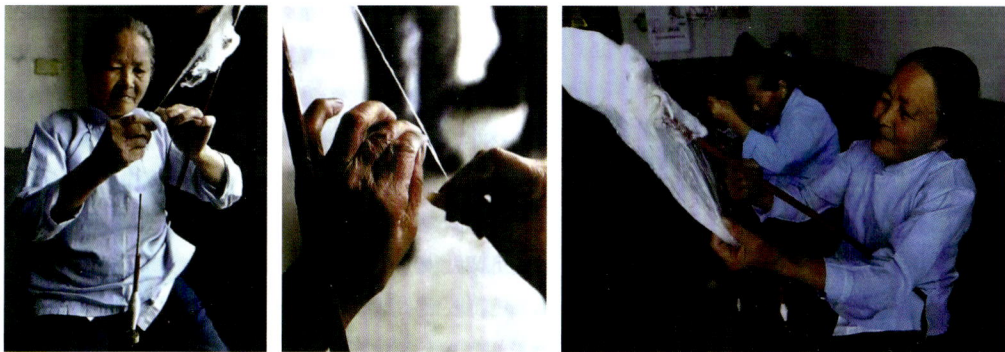

图 7-12　打绵线

二、纹样

丝绵的纹样通常不会特别明显，因为其主要用途是作为填充材料，提供保暖效果。然而，丝绵的制作过程中，通过手工艺人的巧手，丝绵的层次和纹理会呈现出自然的美感，这种纹理可以被视为一种独特的"纹样"。

第六节　作品赏析

余杭的清水丝绵在丝绵里又属上品，成品的清水丝绵洁白如凝脂，轻柔如浮云，边道薄而匀称，无绵块、无杂质，手感柔滑，韧性强，放置长久不泛黄。目前清水丝绵的制作成品仅仅为被里（图7-13）。

图7-13　清水丝绵成品

第七节　传承人专访

为进一步深入研究并继承和创新非物质文化遗产蚕丝织造技艺（余杭清水丝绵制作技艺），笔者深入浙江省杭州市余杭区调研，并专访了蚕丝织造技艺（余杭清水丝绵制作技艺）国家级传承人俞彩根，以下为此次专访的主要内容。

一、您是怎样接触到清水丝绵制作的？

俞彩根：我的母亲俞阿南和姑妈俞琴玉在我们村里可是出了名的制丝绵高手。记得小时候，母亲和姑妈常常一起做丝绵，我就在旁边看着，跟着学。那时候，我上完小学就没继续读书了，留在家里帮忙。到了17岁，我去河前进综合厂当了个纺线工。即使工作忙碌，我闲暇时还是会和母亲、姑妈一起做丝绵。后来我出嫁了，婆婆王杏南也是制丝绵的好手。就这样，我在母亲、姑妈和婆婆的教导下，也成了我们村里做丝绵的高手。

二、在 20 世纪 90 年代初，我们了解到那时候清水丝绵的制作技艺已经濒临绝迹，您是怎么坚持继续做的？

俞彩根：在 1992 年，我决定离开企业，回到故乡开始从事农业生产。那时，我注意到村里手工制作丝绵的人已经寥寥无几，大多数人都选择到市场购买。然而，市场上丝绵的供应并不稳定，且品质良莠不齐。这促使我想到一个点子：既然我掌握了制作丝绵的技艺，何不开办一家加工厂呢？这不仅能够解决我的生活问题，还可能为我开启一条致富之路。因此，我在家中创办了一个小型丝绵工坊，邀请了几位姐妹共同参与。起初，工坊的规模非常小，但随着时间的推移，我们生产的丝绵逐渐吸引了更多买家，工坊也相应地扩张了。经过多年的发展，如今我们的工坊已经拥有超过十名员工。

三、清水丝绵与其他棉被相比有什么优势？

俞彩根：丝绵是一种由蚕茧制成的天然保暖材料，这种纯天然的材料完全没有添加剂，保留了原汁原味的丝绵纤维。丝绵成品既干净又没有异味，轻轻的、软软的，特别适合做高级的被子。天然桑蚕丝里的"丝胶"成分，不光能抗过敏，对身体健康也有好处。特别是丝胶里的 18 种氨基酸，俗称"睡眠因子"，能帮忙调节神经系统，让人睡得更香。所以，用丝绵做的被子，能有效提高睡眠质量。丝绵还有个显著的特点，就是保暖。人们都叫它"纤维皇后"。它不仅保暖，还有弹性，用久了也不容易塌陷，能保持蓬松。

四、您在传承过程中政府都给予了哪些帮助？

俞彩根：政府通过开展"蚕桑文化生态游"等活动，让更多的人了解并关注我们清水丝绵制作技艺。这不仅是对传统文化的一种传承，也是对我们劳动成果的一种肯定。记得 2008 年塘栖枇杷节的时候，政府特意安排了清水丝绵制作等展示项目，让我们的技艺得以展现在更多人面前。这样的活动每年举办，给了我们持续的展示机会。2009 年在第五届浙江省非物质文化遗产保护论坛上，我们的蚕桑文化展示受到了专家们的高度评价。政府还积极帮助我们参加各种展览活动，比如首届中国（浙江）非物质文化遗产博览会和"中国蚕桑技艺"遗珍展，这些都极大地提升了余杭清水丝绵的知名度。此外，政府还支持我们建立了展示场馆，利用收集到的蚕桑生产实物，更全面地展示我们的技艺和独特的蚕桑生产民俗。对于年轻一代的教育也非常重视，组织中小学生来参观展馆，让他们了解这一悠久的文化，亲身体验蚕丝的制作过程。这些举措不仅帮助了我们这些传统手工艺人，也为青少年提供了实践学习的机会，将这门古老的技艺传承下去。

第八节　传承现状和对策

一、传承现状

1. 蚕桑生产的减少

近年来，随着御寒衣物填充物种类的增多和人们生活方式的变化，传统的绵绸需求逐渐减少。余杭地区，曾以蚕桑生产闻名，如今大部分村落已不再养蚕，昔日热闹的养蚕场景逐渐消失。这一变化直接影响了清水丝绵制作技艺，令其面临失传状态。清水丝绵的制作技艺历来依托家庭和师徒之间的传承，然而，在过去20年间，随着农村经济结构的巨大变化和蚕桑生产的相对衰退，这种传统技艺的传承遭遇了前所未有的挑战。

在经济结构变化的背景下，塘北村等少数村落仍保持着养蚕传统，但养蚕人家数量急剧下降，主要是五十岁以上的老人，年轻一代不仅缺乏养蚕的意愿，而且大多数人不掌握相关技能。20世纪80年代，蚕桑生产曾是村民主要的收入来源，占家庭总收入的一半甚至更多。然而，到了90年代，随着乡镇企业的兴起和个体经济的发展，蚕桑生产的收入比重开始显著下降。进入21世纪，这一比重进一步降低，致使村民对养蚕的兴趣和依赖大大减少。

这种经济和社会环境的变化，对清水丝绵制作技艺的存续构成了重大威胁。一方面，养蚕的减少导致原料供应不足；另一方面，技艺传承面临断层的危险，年轻人缺乏兴趣和技能使得这一传统工艺的未来岌岌可危。虽然还有些老一辈的手工艺人坚守着这门手艺，但在没有新一代的接班人的情况下，清水丝绵的制作技艺面临着消失的风险。

2. 制作技艺面临断代

在余杭，传统的丝绵制作技艺正面临严重的传承危机。过去，这项技艺被视为女性必须掌握的手艺，不仅因为它与个人技能的提升有关，更直接关联到家庭的经济收入。女孩子们从十三四岁开始就跟随母亲学习制作丝绵，婚后在婆婆的指导下进一步精进技艺。然而，如今的情况已大不相同。当前的年轻女性，无论是未婚还是已婚，往往没有机会学习这门手艺，因为她们的母亲和婆婆都不会制作丝绵。

尽管还有一些人掌握着清水丝绵的制作技艺，但这些人几乎全都是六十岁以上的老年人。虽然他们有能力制作丝绵，但大多数已经不再从事这一工作，主要原因是市场需求的缺失。这种情况导致了一个严重的问题：即使有人愿意教授这项技艺，也难以找到愿意学习的年轻人。目前，仍在制作丝绵的老年人主要是为了满足家庭需求或出于对过去的怀念。

二、传承对策

（1）完善《塘北村蚕桑丝织文化生态保护区规划》。会同规划部门，结合塘栖镇小城市培育试点规划，进一步完善保护区建设规划，尽早公布实施。

（2）建设蚕桑生产基地，确保丝绵生产制作原料的供给。积极采取有效措施，做好土地流转，鼓励保护蚕农种桑养蚕的积极性。协助塘北村村委组建蚕农专业合作社，出台相关激励政策，切实保护蚕农的实际利益。

（3）成立塘北村蚕桑丝织文化生态保护区建设领导小组，进一步加强协调、明确分工、落实责任，完善相关保障机制。

（4）鼓励企业参与保护，政府给予资金和政策的支持，相关业务部门加强业务指导。

（5）全面收集丝绵制作等相关的实物资料，挖掘整理蚕桑丝织、蚕桑生产习俗，对清水丝绵制作工艺流程进行文字、视频记录，建立数据库，多功能、全方位地展示丝绵制作技艺。

（6）加强清水丝绵制作艺人的保护力度。代表性传承人继续发放津贴，鼓励带徒授艺；举办丝绵制作技艺培训，鼓励年轻人学艺，培养中青年传人；重点扶持若干个私人家庭作坊为传习所，使清水丝绵制作技艺后继有人，活态传承。

（7）积极开展项目保护工作的学术研究。加强与兄弟县区、其他省市、高校科研机构的交流合作，适时召开专题研讨会，探索保护工作的路子，促进本项目的科学有效、可持续发展。

（8）加大财政扶持力度，落实项目保护经费。设立清水丝绵制作技艺专项保护资金，列入年度财政预算。争取省市项目补助经费，鼓励社会赞助，吸纳民间投资，多渠道筹措保护资金。

（9）利用好宣传媒介和对外交流展示平台，广泛向社会宣传推介丝绵制作工艺及产品，提高保护意识，提升产品价值。

参考文献

［1］中国非物质文化遗产网 – 中国非物质文化遗产数字博物馆［OL］.2024-5-10.http：//www.ihchina.cn/.

［2］戴欣余.瓯绣的传承现状及对策研究［D］.武汉：华中师范大学，2020.

［3］金晨怡，南依汝，程巍.瓯绣艺术传承与时尚转化［J］.服装学报，2023，8（2）：167-174.

［4］成青，史斌.瓯绣的社会文化研究［J］.浙江艺术职业学院学报，2019，17（1）：134-138，143.

［5］中国非物质文化遗产网 – 中国非物质文化遗产数字博物馆［OL］.2024-6-12.http：//www.ihchina.cn/.

［6］胡雪彬，曾泽华，王立群.以辑里湖丝为例探讨湖丝非遗的保护与发展：从内外部因素分析［J］.今古文创，2021（6）：121-124.

［7］朱珏.试论近代"辑里湖丝"之兴衰［J］.丝绸，2008，45（3）：47-49.

［8］吴史进.辑里湖丝手工制作技艺［M］.杭州：浙江摄影出版社，2015.

［9］王磊，杜渐.非物质文化遗产影像志的文本分析和田野调查：以《双林绫绢织造技艺》为例［J］.文化创新比较研究，2022，6（35）：63-69.

［10］唐乃强.丝织工艺之花：双林绫绢［J］.浙江档案，2013（4）：44-45.

［11］辛斋.轻似晨雾　薄如蝉翼　绫绢之都话双林［J］.上海工艺美术，2006，2（88）：90-91.

［12］陈海林.双林绫绢被推荐为全国轻工总会名牌产品［J］.浙江工艺美术，1995（Z1）：56.

［13］施云耿.东方丝织工艺之花：双林绫绢［J］.中国土特产，1994（5）：28.

［14］陈海林.浅谈"双林绫绢"生产技艺及花色品种［J］.中国纺织大学报，1990（Z1）：241-245.

［15］罗静.嘉兴桐乡地区传统蓝印花布的工艺及造物思想研究［J］.美术教育研究，2020（4）：39-40.

［16］余美莲.桐乡民间蓝印化布溯源及其艺术特色［J］.染整技术，2019，41（6）：55-58.

［17］陈珊.桐乡民间传统蓝印花布的技艺特征［J］.毛纺科技，2019，47（5）：63-66.

［18］许绣琦.桐乡蓝印花布工艺的现状及其发展探析［J］.学术周刊（A版），2014（6）：240.

［19］周继明.桐乡蓝印花布［M］.杭州：浙江人民美术出版社，2021.

［20］中国非物质文化遗产网–中国非物质文化遗产数字博物馆［OL］.2024-5-12.http://www.ihchina.cn/.

［21］徐心卉.分析桐乡民间艺术之蓝印花布［J］.艺术品鉴，2022（24）：36-38.

［22］陈淑聪，孟永国.温州民间发绣的艺术特征及其传承创新［J］.嘉兴学院学报，2022，34（4）：93-97，107.

［23］孟永国.发绣艺术在新时期面临的困惑与选择［J］.温州师范学院学报（哲学社会科学版），2005，26（4）：83-85.

［24］孟永国.论发绣艺术的造型语言［J］.温州师范学院学报，2002，23（5）：48-51.

［25］孟永国.丝丝入画：论发绣艺术［J］.文艺研究，2002（3）：147-148.

［26］倪燕敏，徐昕宁，潘家骏，等.谈温州非物质文化遗产的传承与推广：以蓝夹缬和温州发绣为例［J］.旅游纵览，2020，（21）：45-49.

［27］王焕.巧用材料，法随心意：独具特色的温州发绣艺术［J］.艺术评论，2017（12）：115-122.

［28］万升平.温州人物肖像发绣艺术赏析［J］.浙江工艺美术，2009（3）：29-31，62.

［29］王其全，林敏.杭州非物质文化遗产之振兴祥中式服装制作技艺［J］.浙江工艺美术，2009，35（2）：94-97.

［30］本期文化元素中华服饰|中国服装制作技艺，非遗就在你身边［J］.锻造与冲压，2023（5）：18-80.

［31］中国非物质文化遗产网－中国非物质文化遗产数字博物馆［OL］.2024-7-18.http：//www.ihchina.cn/.

［32］谢凯，唐永春，谢伟洪.清水丝绵：延续千年的温暖记忆［J］.中华手工，2015（1）：73-75.

［33］杨亚丽.非遗文化生态保护实验区建设与村落文化生态重构［D］.金华：浙江师范大学，2016.